U0232824

鲜切花的四季绽放

Cut Flower
Garden

FLORET FARM

小花农场

鲜切花的四季绽放

[美]艾琳·本泽肯　　[美]朱莉·柴○著

[美]米歇尔·韦特○摄影　　周 洁○译

长江出版传媒

湖北科学技术出版社

图书在版编目（CIP）数据

鲜切花的四季绽放 /（美）艾琳·本泽肯,（美）朱莉·柴著 ;（美）米歇尔·韦特摄影 ; 周洁译.
—武汉:湖北科学技术出版社, 2022.6
ISBN 978-7-5706-1914-6

Ⅰ. ①鲜… Ⅱ. ①艾… ②朱… ③米… ④周… Ⅲ.①花卉装饰—切花 Ⅳ. ①S688.2
中国版本图书馆CIP数据核字(2022)第049708号

书名原文：Floret Farm's Cut Flower Garden
本书中文简体版由湖北科学技术出版社独家引进。
未经授权，不得以任何形式复制、转载。

鲜切花的四季绽放
XIANQIEHUA DE SIJI ZHANFANG

责任编辑：胡　婷
封面设计：胡　博
督　　印：刘春尧

出版发行：湖北科学技术出版社
地　　址：湖北省武汉市雄楚大道268号(湖北出版文化城B座13-14楼)
邮　　编：430070
电　　话：027-87679468
网　　址：http://www.hbstp.com.cn
印　　刷：湖北新华印务有限公司
邮　　编：430035
开　　本：787×1092　1/16
印　　张：19
版　　次：2022年6月第1版
印　　次：2022年6月第1次印刷
字　　数：480千字
定　　价：188.00元

（本书如有印装质量问题，本社负责调换）

及其他庆典活动设计应季花礼。同时，我们的这座农场也成了一所学校，并向来自世界各地的花卉爱好者开放。他们在这里可以学习如何进行小规模、高密度的花卉生产，以及自然风格的花艺设计。由于我对花卉的品种选择及试种十分感兴趣，所以还成立了一家种子邮购公司，主要向花友提供那些我喜欢的，并经过严格试种检验后认为可以用作切花生产和花艺创作的植物，同时还出售花园生产必备的一些园艺工具。回想当年我送出第一束香豌豆鲜花时的场景，如果那时有人对我说也许有一天我会从事与鲜花有关的工作，我肯定不会相信。

在我的这段花卉之旅中，认识了许多初次接触花卉种植的家庭园艺爱好者和花艺设计师，他们都希望能够更多地了解花卉种植的相关知识，以期更好地享受充满鲜花的生活。从简单的花卉种植方法，到如何选择花卉品种，再到切花养护基础知识，以及花艺创作技巧等，他们渴望获得更多关于花卉的知识。

在花艺创作时，建议尽量使用本土的应季花卉和其他植材，这样当植物生长最繁茂、开花最旺盛的时候，能够助你创作出最浪漫、最亮丽的花束。这就像美食家们热衷于享用美味的本土应季食材一样。许多受人推崇的厨师在设计菜单时都是尽可能使用当地能够获得的新鲜食材，因为他们知道，那些从几千公里以外运输而来的非本土应季食材，与就近获得的处于最佳成熟期的美味珍馐相比，实在相形见绌。

通常，消费者想知道他们所购买的商品是在哪里、由谁、如何生产的。鲜花也不例外。继开展了本土食品运动之后，一场与花卉相关的"农场到花瓶"运动开始兴起并迅速流行起来。一些高端花商在努力采购本土花材的同时，也尝试着自己种植一些花材，以补充货源的不足。一些倡导生态保护的年轻情侣们更青睐使用应季鲜花来制作婚礼花束。很多年轻的农民也开始将鲜花作为能产生效益的经济作物来种植。而各地的私家花园主也急切希望能够在其现有的花园景观中开辟出一两处小花坛，这样自己就能够随时采收到鲜花了。

一年四季，每一个季节都有其专属的明星花卉。早春时节，我们可以迎来馥郁芬芳的水仙、艳丽夺目的郁金香，以及很多颇具特色的球根花卉。晚春，花园中随处可见各式开花枝条，如令人陶醉的香豌豆，以及花朵盛开得宛如巨浪般的牡丹等。伴随着夏日的到来，花园里的月季、百合相继盛开，还有其他一些喜欢温暖气候的花卉也会陆续开放，例如百日草、大波斯菊、大丽花等。秋天则多了一些纹理质感极富特色的植物元素，例如观赏草和各类谷物、豆荚等。它们与耀眼的向日葵、漂亮的菊花完美地搭配在一起。冬季，可以在室内摆放经过催花处理的盆栽朱顶红和多花水仙，以及用常绿植物枝条制作成的花环，延续苍翠繁茂的花园美景。通过在大自然中探寻线索，花卉爱好者们可以在每一场花卉盛宴中尽情地享受每一朵鲜花带来的乐趣。

根据每个季节的特点做好种植规划的绝妙之处在于，你不必担心所处的位置和当地的气候情况。只要掌握了所在地区春季最后一次霜冻发生的时间，以及秋季第一次霜冻开始的时间，就可

以在这两个时间点之间的几个月里种植大量的农作物。

通过鲜花来感受全年花园景色的变化是一件很奇妙的事。由于我从事的工作需要与花园景观设计保持紧密联系，所以我发现将花卉种植与花园景观的四季变化联系在一起时更有意义。一旦你开始着手建造鲜切花花园，并根据不同季节栽种大量应季花卉时，便会非常希望看到这座花园能够按照自己的设计思路，随着季节变换发生微妙而神奇的景观变化。

本书分为两个主要部分。第一部分讲述花卉种植、花艺设计的基础知识，以及建造、打理鲜切花花园的必备知识，包括一些经过实践检验非常有效的技术指导。第二部分按照季节编写，分为春、夏、秋、冬四个篇章，内容涵盖了鲜切花全年生产和采收的详细技术，包括主要工作、项目完成步骤等。

我希望这本书能够续写曾祖母在那一小片土地上开启花园之旅的传奇。我们需要更多像曾祖母这样的爱花之人，当然，这个世界也需要更多的鲜花。无论你是否已经踏上了园艺这条路，我诚挚地邀请你加入我们的队伍，与来自世界各地的朋友一起，用四季盛开的鲜花打造美好生活。

祝你拥有幸福快乐的花园生活！

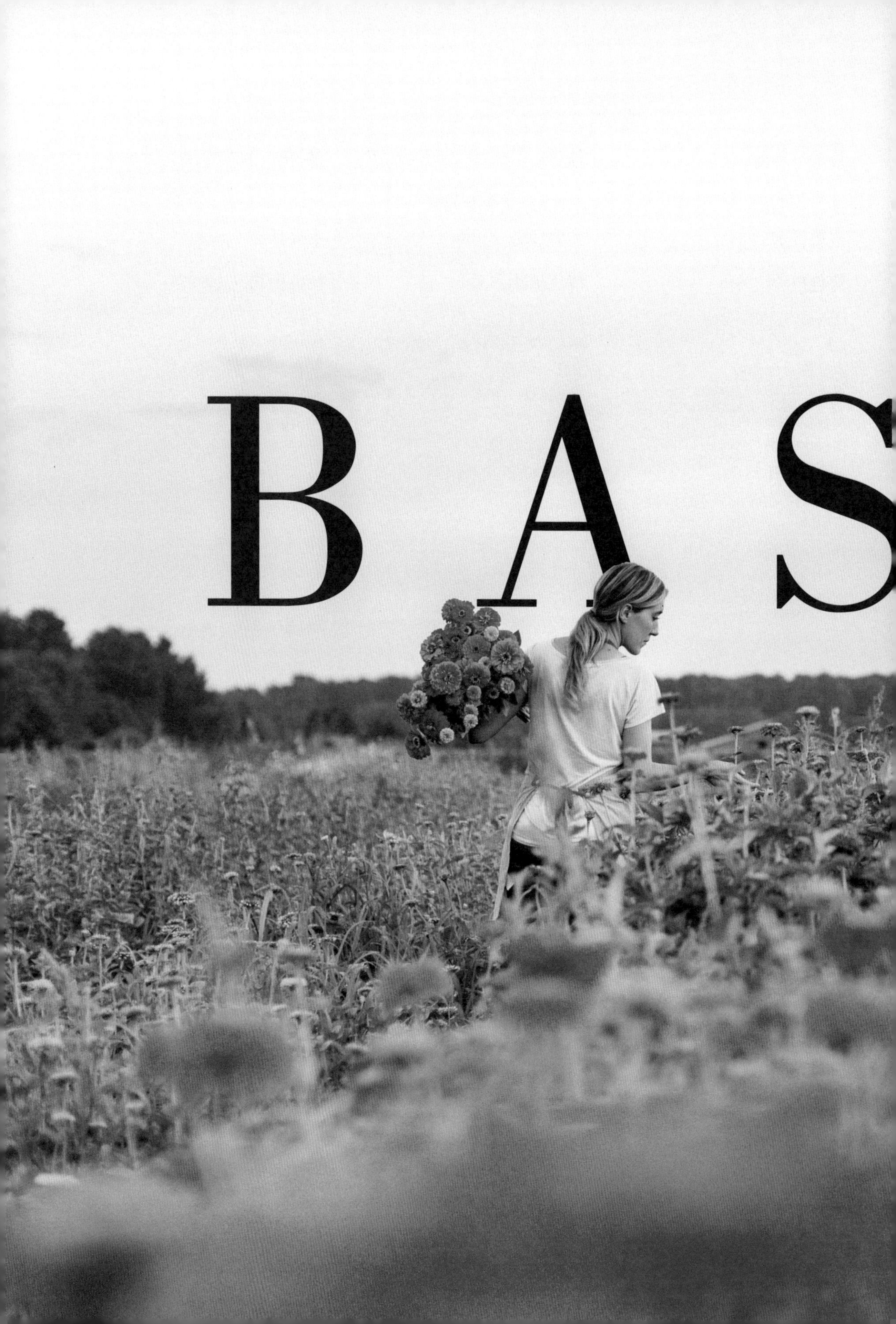
B A S

ICS

鲜切花的绽放从这里开始

打造鲜切花花园

　　混种着各类植物的花境和引人注目的花坛，主要功能是展示一个美丽的花园景观，而鲜切花花园的主要功能则是保证一年四季都能产出大量的鲜切花。其实一小片鲜切花花境本身就是花园里一道精美亮丽的风景线，那些绽放绚丽花朵的植物不仅可用来装饰花园，还可以提供鲜切花。这一点可能需要花费一些时间来适应，因为作为一名园丁，看到那些鲜花怒放的植物已经习惯于不去修剪它们，而是更倾向于让它们留在花园中尽情展示动人的美丽。但是，一旦看到房屋门口堆满了刚采收的鲜花，体会到收获带来的喜悦，很快你的种植观念就会发生转变。

　　我住在位于美国华盛顿的斯卡格特山谷。那里，春季比较潮湿，夏季温和、干燥，秋季凉爽但湿度较大，冬季寒冷且多雨。本书主张并强调的观点是立足本土进行花卉种植，所以在实践中你要根据所在地区的基本情况调整种植规划中的某些关键工作时间点。我已尽力在书中讲述一些通用的要点和方法，你需要根据自己所处区域的气候条件进行明确调整。如果有些信息还是不能确定，建议根据情况随时咨询当地的苗圃。

　　这里列出的种植方法都是在小花农场经过实践检验的。我将整个种植过程分为三个主要部分：制订计划、实施行动、掌握重要的技术方法。遵循书中的方法进行操作，相信你的鲜切花花园很快就会繁花盛开。

制订计划并着手实施

对于我们这个面积达2英亩（1英亩约等于4046m²）的农场来说，通常需要花费几周的时间制订全年的种植计划，但我从来没有后悔将时间花费在这上面（对于一位私家园主来说，这个过程可能需要几个下午的时间）。一想到设计花园和为建造花园做各项准备工作如何繁杂，往往会有些心生畏惧，但是我要告诉你，在这些预备工作上花费的时间越多，得到的结果就会越好。

评估、定位种植区

在动手规划切花花园之前，最重要的是要了解你的工作对象，包括打算预留多大的空间来栽种植物，以及这个种植区的光照情况如何。应该尽可能地将切花花园的位置规划在阳光充足的地方——因为几乎所有的植物都喜欢充足的阳光。这意味着该种植区应该保证每天至少能够接受6小时的光照。除非植物对栽培基质另有要求，否则应该尽可能地选用质量最好的基质。可以直接购买，也可以自己配制。理想的种植区应该远离有积水的地方和成年乔木周围。因为成年乔木根系发达，容易与花卉植物争夺生长空间。不是每一位花园主都能够在自己的园子里找到如此理想的位置，但是要按照这个标准尽可能选择适宜的位置来建造切花花园。如果种植区不能满足完全的全日照，建议挑选一些耐阴性较好的植物种植，如毛地黄、楼斗菜、铁筷子等，或者是喜好冷凉气候的一年生植物，如爱尔兰风铃草、飞燕草、香豌豆等。确定好种植区后，在四周的转角处做好标记，以免日后忘记了准确的位置。然后测量该种植区的周长，并在花园建造日志中做好记录。

完成土壤测试

对土壤进行测试，有助于你更好地掌握地底下的情况。这个步骤经常被人忽视，却是切花种植成功的关键工作之一。这种对土壤进行全面测试的费用是50美元左右，不同的实验室收费有所不同，获得测试结果需要一两周的时间。测试结果包括有关花园土壤的一份详细报告，内容涵盖土壤中缺乏何种微量元素，以及建议采用的土壤改良方式（例如添加骨粉、石灰、海藻或其他混合肥料）。

对土壤进行取样的方法如下。用大一点的铲子向下挖一个约30cm深的洞，然后用大勺子从挖好的洞底取几勺土，放在容积约1L的瓶子里。在规划好的种植区内选取不同地点重复上述步骤，直到将瓶子装满为止，这样就可以获得该区域内土壤的平均样本。随后便可将准备好的样本送到土壤实验室进行测试。

在我多年从事景观设计和花卉生产的过程中，目睹了许多由于土壤缺陷而导致种植过程中出现问题的情况。在新进行的一些花园项目中，我听从了土壤专家的建议进行了土壤测试，并按照测试的结果进行了相应的土壤改良。植物和人一样，需要适宜的矿物质和微量元素才能茁壮成长。在种植前多做一些这类功课和努力，一定会得到长期的回报。

设计花园蓝图

确定了花园的尺寸之后，就可以拿出坐标纸，开始规划花园蓝图了。与传统花床拥有的迷人曲线和植物混种花境不同，切花花园首先需要考虑的是产量和生产效率问题，所以狭窄的长方形苗床更适宜日常管理以及后期的产品采收。单块苗床的宽度应该设置为你站在长边的任何一个地方，都能伸手够到苗床的中心。在两块苗床中间留出永久性的过道，这样做不仅是为了便于人员通行，也便于在纸上规划整体的种植蓝图。在小花农场中，我们设计的苗床宽度约为1.2m，每块苗床之间留有约0.6m的通道，这样无论从哪一边都可以轻松采到中心位置的鲜花。在左右两个种植区之间设置了约1.2m宽的大通道。

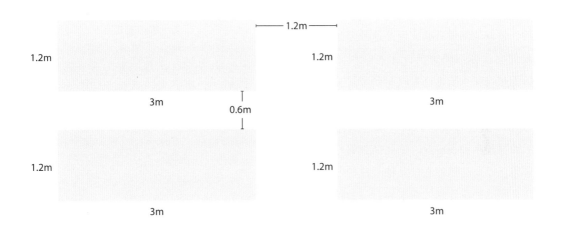

计算植株数量

将苗床和通道都规划好后，就要开始计算每一块苗床需要栽种多少棵植物了。这时要确定好栽种的植物品种，计算好需要的种子量并开始订购。

切花生产主要有两个目标：在规划的种植空间内尽可能多地产出鲜切花，以及开花的枝条要尽可能长。因为枝条长的花材能够最大程度地满足各类花艺制作的需求（大多数的买家都有这个诉求）。所以我们将幼苗种植得更紧密，这样可以得到更多的鲜花，植株的垂直生长也会更旺盛。

第一次种植时，我遵循了传统花园的种植原则，每一个1.2m宽的苗床里只种植了一两排植物，给每一株植物都留出了充足的生长空间。

但是这种种植密度让我不得不一直与杂草抗争，导致在这个有限的种植区内有效的种植空间严重不足，从而没有完成制订的种植计划。经过反复的试验，我终于摸索出了一套运行良好的种植体系：小规模、高强度的花卉生产。根据一年生植物长成后的植株大小，可以从以下三种种植模块中选择一种，将植株紧密地种植在一起。

15cm×15cm：适合种植直立性较好的植物，或者单茎干无分枝的植物，例如羽状鸡冠花、甘蓝。采用这种尺寸的种植模块，每一块1.2m宽的苗床可以种植8排植物。

22cm×22cm：这是最常见的一种种植模块，几乎适用于任何一年生的切花植物。采用这种尺寸的种植模块，每一块1.2m宽的苗床可以种植5排植物。

30cm×30cm：这种更大的种植模块适用于栽种叶片较多或分枝较多的品种，例如苋、头状鸡冠花、大阿米芹。这样每一块1.2m宽的苗床可以种植4排植物。

采用上述的种植模块，很容易就能计算出每块苗床需要种多少棵植物，而且可以直接留好种植间距，并根据苗床的长和宽准确地设置好种植网格。例如，你规划好了1.2m宽，3m长的种植苗床，采用22cm×22cm的种植模块，那么一个苗床就可以容纳65棵植物。采用这种生产方法，即使面积再小的花园也可以生产出数量惊人的鲜切花。

决定订购何种植物

面对商品目录上列出的所有适合做切花的植物品种，也许你都想订购，但是这种笼统的选择方式最终会让你不堪重负，无法顺利度过一整年。因为在收获季节也许采收不到数量充足的鲜切花，有时甚至会发现无花可采。

我的习惯是回顾一下上一年的园艺生产记录，看看哪些品种表现好，哪些品种的种植数量需要调整，以及有哪些心仪品种。这些分析有助于确定来年的种植计划。如果你是一名新手，建议首先设立以下两个目标：①观叶植物和观花植物完美的组合，包括经过实践检验可靠性较强的植物和试种性植物；②每个季节都能采收到花材。

新手们常犯的最大错误是只栽种了开着漂亮花朵的植物，而没有混种任何观叶植物。整个春季在这一小片园子里看着50种不同植物开花，夏末这些植物就只剩下一堆毫无特色的绿叶，到了秋季和冬季就更没有什么可以采收的了，这真的是太令人沮丧了。

经过多年的种植实践，我的经验是一座植物比例完美的切花花园，大约应有一半的植物为观叶植物和填充植物（在花艺制作中主要利用这类植物的叶片和果实，比如苋、爱尔兰风铃草、芳香天竺葵等）。这些植物可以源源不断地长出枝条供采收，而这些枝条是花艺创作的基础植材。另一半植物可选用花色鲜艳亮丽，在不同季节盛开花朵的观花植物，并确保它们在本地气候条件

关于植物的命名

当你开始做花园规划时，了解植物的命名原则非常重要。每一种植物都有一个独一无二的植物学名称，不会让人混淆。大多数情况下，这个名称包括属、种和品种，通常这么表示：*Fagus sylvatica* 'Tricolor'（欧洲山毛榉'三原色'）。

大多数植物还会有一个常用名或者俗名，这个名字可能与学名不同。例如欧洲山毛榉'三原色'也被称为三色山毛榉树。在这种情况下，植物名称就可能产生混淆，因为一种植物可能会有好几个俗名，而不同的植物很有可能俗名相同。

本书中，对于一些不太可能被误认为是其他植物的名称使用了俗名。对于另一些有必要进一步阐释清楚，以免让人产生误解的植物，会列出它的植物学名。

下也能够苗壮生长。

如果要进行植物试种，试种区一定要设置在花园的角落，这样就可以在不影响花园整体景观效果的情况下进行新的探索尝试。如果决定用种子直接进行播种，那么所准备的种子数量应该超出预计植株数量的20%，以防有些种子没有发芽，或是长出的幼苗被蛞蝓吃掉。

主要植物类型

下面是一些可以用于切花花园的主要植物类型。可以将这些植物混种在一起，这样在一年中的大部分时间里都可以有所收获。选择何种类型的植物取决于你的预算、种植空间，以及能够投入到种植和养护中的时间。下面，将根据植物种植的难易程度和长出成品花的速度来对不同类型的植物做详细介绍——一年生植物是种植最容易且出花速度最快的植物。树木则需要更长的生长时间和更大的种植空间，养护需要花费的精力也更多。

不耐寒一年生植物： 这类植物需要在早春播种。它们主要在夏季开花，秋季天气转凉时结籽，然后凋亡。小花农场中大约有60%的作物是这类一年生植物，夏季大部分的鲜切花都靠它们来提供。这是种植最容易、花费成本最低、生长最快的一类植物，对于新手来说可谓是完美的选择。在开始种植花卉的头两年，整个花园中我只栽种了这类植物，对于初次涉猎花卉种植的我来说，这真是一个棒极了的选择，因为这种低额投资让我可以大胆地进行各种尝试。在我看来，栽种一年生植物就是建造切花花园的一项基础培训：它有助于你培养信心、积累经验，这样就可以逐步地将种植项目扩展到其他需要更多投入的植物类型。

耐寒性一年生植物： 这类植物的寿命很短，通常活不过一年，包括飞燕草、黑种草、大阿米芹等。在气候寒冷的地区，一般早春开始栽种。气候温和的地区，则可以于秋季在花园中直接播种，它们会长出一小簇叶片来，然后顺利越冬，在夏天来临之前抽出花穗。耐寒性一年生植物可以经受住霜冻。它们最大的特点就是比不耐寒一年生植物开花要早，待天气开始转热时花朵逐渐凋谢。

二年生植物： 这种类型的植物通常会被切花种植者忽略，其实如果能够掌握它们的生长周期，晚春时节也能够得到丰厚的回报。晚春至初夏这段时间，花园中的春季球根花卉已经凋零，而第一批多年生植物还没有开花，二年生植物有效地挽救了这段时间内花园中无花可赏的尴尬局面，为花园添加了一道精彩美妙的风景线。这类植物通常在夏末种植，长出叶冠后越冬，翌年晚春时节开始大量抽出花穗，接下来便会连续6~8周竞相盛开，繁花似锦，随后大多数开始繁殖结籽，最终凋亡。英国乡村花园中最受欢迎的风铃草、毛地黄都属于这类植物。

鳞茎、球茎和块茎植物： 这类植物花色艳丽，极具视觉冲击力，令人目眩神迷，是花园植物中的焦点。它们通常在秋季或者春季种植，不同的种类，如鳞茎、球茎和块茎，在球构造上有细微的差别，但栽种方式基本相同。将种球栽种到地里，经过几个月植株根系不断生长，积蓄能量，最终势如破竹般破土而出，闪亮登场。银莲花、洋水仙、大丽花、贝母、风信子、百合、花毛茛、郁金香，都是我钟爱的这类植物。

多年生植物： 这类植物最典型的特点是天气寒冷时地上部分会枯萎，但是并没有死，而是可以顺利越冬，待春天到来后再返青、生长、开花，如此往复持续很多年。这类植物通常可以从初夏到秋季一直开花，不同植物品种花期有所不同，所以不能仅靠种植多年生植物来实现花园周年出花，但是它们确实能够产出非常精美的花材。

藤蔓植物： 铁线莲、啤酒花这类藤蔓植物可以赋予花艺作品更丰富的动感。它们活力四射，除了冬季需要修剪枝条以外，几乎不用花费时间照看。沿着花园中的篱笆或格架栽种几株藤蔓植物，从春季到秋季都可以在茂密的枝条中找到一些非常有意思的卷须和叶片，可以将它们剪下来放入花束中。

灌木： 无毛风箱果、荚蒾都是一些极具趣味性的花材。这类植物春季有漂亮的开花枝条，夏季可以提供叶材，秋季则可以采收到挂满浆果或种子的枝条。如果购买小苗，需要3~5年的时间长成供采收的枝条。通常我会在冬季直接购买盆径为24~27cm的裸根灌木苗，因为这样不用等太久便能采收到花材。虽然这类植物比一年生植物昂贵，而且要在花园中为它们留个永久的位置，但是这些投入，会给你带来不错的回报。

开花树木： 大多数极具特色、惹人注目的花材都来自开花树木。如果冬季想为室内注入自然气息，可将李子树和褪色柳这类植物在冬末于室内进行催花处理。春季，樱桃树和山楂树的花枝可以用来作为花艺作品的架构，助你打造出精美的作品。如果你选择种植一些果树，那么在夏末和秋季，它们可以为你提供硕果累累的枝条，让你的花艺作品更繁茂华丽。我强烈建议尽可能多地在花园中种植这类开花树木。

享受轮播的成果

每一个切花种植者都应该知道这个词：轮播。从本质上说就是控制多批次植物的播种进程，将每组一年生植物分成更小的组然后间隔几周播下，这样当你收获第一批切花时，下一组植株将在几周后开花，随后你播下的其他几组植物也会陆续开花。对于那些并不能保证再次开花的一年生植物来说，这种轮播的方式能够确保可供采收的花枝数量稳定。

第一年种植花卉时，我并没有多少头绪确保从春季至秋季都能够有充足的花枝采收。3月，我播下了一大批种子，最后一次霜冻后我种下了所有的种苗，然后在接下来的几个月里浇水、除草，等待它们长大。直到初夏，我也没有收获到任何有价值的鲜花。后来，猛然间，我得到了一大波"赏赐"，花园里一下子开了许多鲜花弄得我不知所措。接下来的六个星期，我采收、打捆，并将它们尽可能地送出去。花园中需要做的事情太多，我根本没有充足的时间去处理，所以很多鲜花无法采收，都浪费了。到了仲夏，繁花盛开的场面已经消退，只有一小排大丽花和苋仍在盛开。当时，由于在极短的时间内花园里一下子开了太多花，有些顾客渴望能够一起分享我的种植成果，所以我就兴致勃勃地建了一个顾客群。但是很快，属于我的花季结束了，我不得不逐一给他们打电话，告诉他们这个不幸的消息，这简直糟糕透了。为了从这次犯的错误中吸取教训，我花了整整一个冬天的时间来思考如何才能让花园中的植株们进入花期的步调更均匀，以保证在几个月内能够持续不断地产出鲜花。这就意味着要学习轮播的相关知识。

为什么轮播对花卉生产者有诸多益处，主要原因是：这种方式保证了可以在相当长的时间内进行花卉种植和采收工作。我将整个切花花园的种植区分成了多个子分区进行管理，这样就可以一批接一批地栽种植物，而不需要增加额外的帮手。如果同时将整个花园种满，那我根本没有办法管理。鲜花采收也是如此。这样一来，花园中一年四季都会有花朵盛开，我便可以在花期巅峰时逐一进行采收。

我进行了相当多的试种工作，以便了解并掌握在当地的气候条件下，哪些植物可以轮播，哪些植物不能轮播，以及对于一个特定的季节，哪些植物可以临时增加种植。由于每个地区的气候条件有所差异，所以在挑选植物时一定要进行试种，并根据实际情况做出调整。我发现几乎所有的一年生植物都可以补种一次，有的甚至可以补种两次，两次种植时间相隔3~4周。如何在相当长的时间内保证花园中的植物持续出花，这是一个需要持续研究的问题。每年我对此都会有更深刻的体会。这种密集而有序的种植方式将有助于我们在有限的空间内生产出大量的鲜切花。

在种植规划阶段，我将一年生植物分为3种类别，这样就能很清楚地掌握每种植物的补种次数，从而订购数量充足的种子。

随采随开型 这类一年生植物会在相当长的一段时间内疯狂地开花，花量极大，剪下来得越多，开得就越多。波斯菊、万寿菊和百日草都属于这类。它们通常在早春进行第一次播种，大约过一个月后再进行第二次补种。

花量中等型 这类一年生植物有琉璃苣、飞燕草、稷（黍、糜子）、金鱼草等。这类植物与"随采随开型"的植物相似，只是花期要短一些，所以补种的间隔应更短一些，大约每3周补种一次比较合适。

昙花一现型 很多我喜爱的植物都属于这一类型，例如单头向日葵、亚麻，以及鸡冠花"孟买"系列等。这些植物会像野火燎原般迅速开花，然后迅速凋零。对于这类植物，可以在仲夏之前，每两周补种一次，这样就可以保证不间断地有花枝可以采收。

所有植物的最后一次播种时间都应该在霜冻开始之前，并为开花留出足够的生长时间。种子的包装袋或商品目录上应该标明了每一种植物长成成品所需要的时间，确定你所在地区每年秋季最后一次霜冻发生的大致日期，然后从这个日期向前反推，计算并得出最后一次种植日期。对于一些夏季或秋季开花的植物，我的最后一次种植日期一般为7月15日，然后大约过60天这些植物就会开花。

小空间最大化

与其他农场相比，我们的小花农场面积只有2英亩，属于很小型的农场。但是，它能够引起朋友们广泛关注的一个重要原因是，在一小片土地上生产出了数量惊人的鲜花。当年，我在位于房屋后院中的一块仅45m宽、12m长的土地上开始了莳花弄草的生活。我像大多数新手一样，按部就班地按照种子包装标签上的说明栽种各种植物。我创建的这种狭长形种植苗床，既能够保证每株植物现有的生长空间，又能够预留出相当大的空间便于它们日后生长。伴随着不断高涨的种植热情，我已不甘心只照料这一小片空间，而是拼命地想要开发更多的土地。我认为如果能提供更多的空间供我发挥，我可以种出更多花来，而且完全可以将种花从单纯的业余爱好发展成一个商业项目。但是当时由于两个孩子尚处于幼年时期，加之手里的资金有限，所以只能在现有的资源上做文章。面临着如何从这小片土地中获得更大收获的挑战，必须用创造性的思维来规划。在这方寸之间的土地上，我花费了近十年的时间，生产出了大量的鲜花。如何让自己的花园里塞满数量惊人的花卉，我想现在我已经破解了这个难题，并将这些方法传授给了其他爱花之人。无论是小小的屋顶还是杂乱的后院，对于任何规格的花园来说，如何最大化地提高种植率，下面这些要点是我给出的专业建议。

明智选择

即使空间有限，如果选择的植物适宜，仍然可以满载而归。像单头向日葵这种一棵植株只开一枝花的品种就不要考虑了，要重点考虑波斯菊、大丽花，以及百日草这类可以持续开花的品种。在相当长的一段时间内，这类植物将成为花园中的开花主力军，竞相盛开的鲜花将让你大获丰收。

如果种植面积非常小，例如2.4m×2.4m或更小的面积，建议就不要考虑种植乔木和灌木了，因为这类植物生长需要较大的空间，并且长大成熟并可以采收到枝条需要花费几年的时间。小面积的花园更适宜栽种一年生植物，因为它们的种植成本更低，种植难度小，而且产花量很高。本书中我列出了一些出类拔萃的一年生植物，可作为切花花园植物配置的参考。

紧密种植

当一年生植物用作鲜切花生产时，可以忽略种子包装袋上注明的"建议种植间距"这条。建造切花花园完全可以将植株种植得更紧密一些——小花农场在栽培基质良好，浇水和施肥适

14

宜的情况下，大多数一年生植物的种植间距是20cm。与种子包装袋上建议的种植间距相比，采用这种更紧密的间距，最终能够收获的鲜切花数量要增加3~4倍。

垂直种植

如果空间非常有限，可以考虑向上垂直种植，而不要采取减少植株数量的方式。藤蔓类和近似藤蔓类植物的枝条是非常棒的花材，可以搭个棚架供它们向上生长，这样仅需最小的种植面积即可。例如，种植一排香豌豆仅需46cm宽的横向空间，这样一个狭窄的种植区可以在大约两个月的时间里每天为你提供漂亮的鲜花。

容器种植

如果目前没有土地可以用来种植，那么完全可以采用容器种植的方式来实现建造切花花园的梦想。我见过很多园艺大师在车道、旧网球场，甚至车库的屋顶上搭建抬高式苗床用来种植花卉和蔬菜，非常成功。住在城市中的居民可以将露台或天井改头换面，放置一些大型容器或木箱来种植藤蔓植物和其他高产植物。

土壤管理及种植

可行的种植规划已经制订完成，需要栽种的植物品种也已确定清楚，那么，是时候弄脏你的手了。

有机种植

  我们管理运营的所有花园都奉行有机种植的原则，不使用任何有毒的化学物质或除草剂。我们更多的是依赖大量的堆肥和天然肥料（根据包装说明应用）来促进植物健康生长，并进行病虫害预防管理。但是，很多专家对我说，种植花卉植物不能采用这种方式。他们认为只有使用化肥和杀虫剂才能保证切花产品具有上好的品相，因为它们是用来出售的。但是，我认为这并不正确。虽然采用有机种植的方式需要做的工作远远多于直接使用化肥种植，但结果却完全不同。

养护土壤

  一切事物都起源于土地。"种瓜得瓜，种豆得豆"。我一次又一次地验证了这个宇宙中普遍存在的真理是多么正确，同样，这个真理也完全适用于花园。虽然将金钱和时间投入到看不到的事情上似乎有悖常理，但我向你保证，这是值得的。在我看来，花园未来的希望在于播种前的认真整地。

  堆肥是保证花园丰产的主要帮手。每个季节都有如此多的植物离开花园，我们从花园中索取到多少就应该通过另外一种形式还给花园多少，我认为这一点非常重要。堆肥的益处很多，其中最重要的是改善土壤结构和提高土壤肥力。对于沙质土壤来说，堆肥可以提高土壤的保水性，并为植物生长提供充足营养，保证其健康生长。

拿到土壤检测结果后，我就开始着手进行土壤改良，将土壤中缺乏的矿物质和一些利于花卉植物生长的营养物质添加到土壤中，直到这些物质完全融入土壤里。这项工作最适宜在秋天进行，因为可以确保所有添加的成分有充足的时间进行分解，并和土壤完全融合在一起。可在春季播种前几周，在苗床中埋入5~10cm厚的腐熟堆肥以及适宜剂量的有机肥料。

灌　溉

对于植物生长来说，除了肥沃的土壤外，稳定持续的水分供给也是确保它们健康生长的关键要素之一。当植物处于幼苗期时，满足它们对水分的需求非常容易，采用顶部洒水器或用水枪直接浇水即可。但是当植株长大，苗床被叶片覆盖后，水浇到叶片上后会顺着叶片流走，这样一来将水直接浇到土壤中就变得很棘手。

浇水的注意事项：最重要的是保证浇水的频次，确保土壤湿度均匀，但是不要出现积水的现象。另外要注意的是，植株一旦开始开花，就不要从顶部浇水了，以免损伤花朵。滴灌或使用渗水软管（苗圃和花园中心使用此方法较多）都是不错的方式，可以让水直接到达需要它们的地方——植物的根部。这两种方式与直接从顶部喷水的方式相比，可节约25%~40%的水。如果使用渗水软管，只需将软管放在需要浇水的地方即可。滴灌系统有点类似将各种类别的零件组装在一起的"机械积木"玩具，所以很容易设置，但是不同系统类型具体的设置规范有所差异，需要按照技术指导说明进行操作。无论采用何种灌溉方式，在对土壤进行改良，添加了堆肥和其他物质之后，应及时将灌溉系统铺设好。

杂草管理

在孩子们很小的时候我就开始了花卉种植工作。一边要努力完成花园中的各项工作，一边还要照看两个小淘气鬼几乎是不太可能的。花园中最耗费时间的工作是除草。为了尽可能地减少花费在这项工作上的时间，我投资购买了大量的园艺地布。将地布铺在过道和苗床上可以有效阻止杂草生长。我丈夫用金属板制成了一个简易的模板，这样我们可以按照理想的种植间距，在地布上烧制适合植物大小的种植孔。这套防杂草系统非常有效且制作简便快捷，现在我已经有超过1英亩带有种植孔的地布，在每一个种植季都会使用。铺设地布时，将地布紧紧地贴在苗床上，然后用金属"土钉"穿过地布后插入土壤里，以便将地布固定在苗床上。两块地布交接处重叠摆放，这样就不会有空白的地方让杂草们钻空子了。大多数植株都种植在铺有地布的苗床上，这样在整个生长季里只需除草一两次。在种植前花费一些时间铺设地布，种植季结束后将其移除。虽然每年都需要花时间做几次这项额外的工作，但是与每周都需要奋战在除草工作一线相比，这种方式更简便容易。

种植株型较大的植物时并不需要铺设地布，但是要事先找到清除杂草的有效方法。其实这是一个工作习惯问题。我认识的某些园丁就喜欢在花田里埋头干这件"苦差事"，没完没了地除草。如果你也喜欢做这件事，那就用尽所有方法来做吧。记得一定要买一把质量较轻的"Collinear"锄头（一种宽大的锄头）。这种特殊的工具带有一个细长锋利的刀刃，当竖直落到地面时，可以直接从根部将细小的杂草除掉。这种工具比常见的切铲更省力。

如果有充足的覆盖物也可以用一层厚厚的有机物将苗床覆盖以抑制杂草，然后将植株穿过覆盖物栽种到苗床上。腐烂的树叶、稻草和干草屑都是用来覆盖苗床的上好材料。但是记得要避免使用任何可能含有大量杂草种子的材料，例如未经处理的粪便，或者是通过冷堆肥法制成的堆肥。

栽种植物

在对苗床种植基质进行了改良，灌溉管线、园艺地布或覆盖物也已铺设完毕之后，就可以开始栽种植物了。

根据规划中的种植间距播种或栽种幼苗，幼苗的叶冠应紧贴着基质表面或略高于基质表面。一旦植株栽种到地里，最重要的是保证它们扎根时不会感到有阻力。为了确保这一点，在植物栽种好后应立即浇一遍透水，然后每周给它们施一次液体海藻肥和鱼蛋白液体肥，施用方法遵照标签说明。这种神奇的施肥方式为幼小的植株提供了营养，并有助于减少移栽给植株带来的损伤，同时也为植株未来的健康生长建立了免疫系统。我常常这样想，其实植物和人非常相似，一开始你把它们照顾得越好，它们日后就会越健康。

切花生产基础技术

掌握一些简单的方法，通过简易的方式最大限度地
保障植物健康生长，拥有理想的产量。

播　　种

自己播种，这是抢在种植季开始之前开启花园生活最棒的一种方式。你可以接触到数百种在当地苗圃找不到的特色品种，而且这是以最快的速度填满整座切花花园最实惠的方式。在开始这项工作之前，需要记住下面这些关键的事项。

了解所在地区春季最后一次霜冻和秋季第一次霜冻的发生日期

在冬末和早春开始进行狂热的播种工作之前，最重要的是要了解到底能多早开始这项工作。如果对此有疑问，可以请教一下当地的园艺专家或在信誉较好的苗圃中工作的人员，向他们了解本地区最后一次霜冻的发生日期。生长快速、可在夏季开花的一年生植物（指那些从播种日起不到90天就可以采收到鲜花的植物，如波斯菊、向日葵和百日草——在种子包装袋上会标明植物生长所需天数），应在春季最后一次霜冻日前4～6周开始播种，不宜更早。否则，植株就会长得过大，导致容器不合适，而且叶片柔软、脆弱，根系生长过度。另一方面，一些生长缓慢的植物，例如多年生植物，可能需要几周的时间才能发芽，所以应在春季最后一个霜冻日之前的10～12周开始在室内进行播种。一旦确定了所在地区的春季最后一次霜冻期，结合种子包装袋背面注明的从播种到收获需要的天数，就可以计算出需要提前多少周播种了。

如果打算在春季天气转暖后补种作物以达到连续种植效果，大多数情况下，仲夏之前都可以播种（气候温暖的地区甚至可以到初秋进行），以便为植株留出足够的时间生长成熟。工作原理是这样的：如果种植的植物需要60天的时间成熟，标记你所在地区的秋季首次霜冻开始的日期，向前数60天就可以播种了。从种植技术上讲，这是你可以种植这类应季植物的最后日期。但要知道，随着天气越来越凉，植物的生长速度也会减慢。所以，为了安全起见，确保有足够的时间让植株成熟，我一般倾向多计算出一个月的时间，这样可以确保能够采收到鲜花。

选择适宜的容器

任何能够盛装基质且可以排水的容器都可以用来播种，包括装鸡蛋的纸盒、旧罐子，以及底部有孔的塑料杯等。如果重复使用花盆，一定要用10%的漂白水彻底清洗干净，以杀死任何残留的病菌。但是为了达到最好的效果，推荐使用可回收的营养钵——就是在花园中心看到的可以装4～6株幼苗的容器——多数苗圃出货时都采用这种容器，或者使用新的种植穴盘，这种比较浅的多孔盘是专门为播种、发芽而设计的容器。

种植穴盘有很多尺寸，如何选择合适的尺寸会让人感到有些不知所措。经过实践测试，我最喜欢的两种规格是72孔和50孔的，可以用于一年生和多年生植物的播种、育苗。用于种植这两类植物时，即使株型再大，定植到花园之前，都不

21

需要进行换盆移植。对于葡萄、南瓜和香豌豆，我通常使用直径约10cm的花盆种植。

另外，除了穴盘和花盆，还需要准备托盘，用来放置种植容器，便于水分从容器中排出。同时还需要准备某种类型的塑料覆盖物，覆盖在容器上，以保持种子发芽所需的湿度。可以直接购买育苗套装，里面包括穴盘、托盘，以及塑料育苗罩。如果资金有限，塑料薄膜也是一种不错的选择，但是需要密切监测穴盘内种子的发芽迹象，一旦它们突破基质表面，要立即将薄膜移除，这样就不会阻碍幼苗生长了。推荐使用透明的丙烯酸育苗罩。这种育苗罩可以紧紧地扣在育苗穴盘或营养钵上，有利于保持湿度和较高的温度，加快种子的萌芽和生长。

使用优质的栽培基质

让植物的生长拥有一个良好的开端，最重要的是选用高质量的播种及育苗混合基质。你所有的花费都是有价值的，不要贪图一时的便宜。这些特殊的混合基质含有适宜的营养成分，可以确保幼苗有一个良好的生长开端。一定要仔细检查基质中的成分，不能含有任何合成化肥或树皮的成分，因为这

类成分会将幼苗烧伤，造成其发育不良。播种育苗混合基质是优良的栽培基质，非常适宜细小的种子生长，对于那些颗粒较大的种子，可以直接播在规格稍微大一点的花盆里，例如葡萄和南瓜，这时可以选用高质量的盆栽基质。

设置底部加热装备

为了让种子快速发芽，需要保持温暖和湿润的种植环境。如果你有这样一个舒适的适宜种子发芽的地方，可以将托盘集中放置在此处，例如冰箱顶部或散热器上，它们的热量会促使种子加快发芽。如果真的迷上了种花，相信不久你的家里会迅速增加很多这类地方。也可以购买一个加热垫，这是专门为种子催芽而设计的，以保证植株发芽整齐一致。

提供充足的光照

温室或阳光房是最适合进行植物繁殖的地方。如果没有这类种植空间，也不用担心，可以自己在家搭建一个家庭育苗室，其实非常简单，就像让家暖和起来一样，放置几盏射灯，就能获得非常出色的效果。最初几年种植花卉时，我在

地下室进行育苗，将苗盘放置在架子上，上面悬挂射灯。任何一家出售五金用品的商店里都可以买到这种射灯，非常便宜。用一些普通的链子将射灯悬挂起来，就可以开始育苗工作了。为了给植物提供苗壮成长所需的全部光谱，确保一个灯带有冷光源灯泡，另一个带有暖光源灯泡（灯泡上的标签会注明光源类型）。将灯悬挂在离幼苗几厘米高的地方，并连接上计时器，确保每天给植株提供14~16小时的光照。当幼苗长高的时候，一定要将射灯移高，确保其与最高幼苗的距离为5~7cm。

直接播种管理

　　我的农场里大约90%的植物都在温室中进行播种育苗。这种方式让我的种植季可以抢先一步开始，因为一旦天气转暖，就可以安排种下长得更大的植物。这种方式也有助于减少杂草，因为大一些的植物更有可能与杂草展开竞争，挤占并遮挡住杂草的生长空间，不利于其生长。

　　但是，并不是所有的植物都需要这种播种方式。许多园丁都采用直接播种的方式——将种子直接撒在室外土地里。我认为有一些品种的花卉植物很适合这种方式，包括一些夏季生长快速的一年生植物，如谷物、观赏草，以及向日葵、百日草等，这类植物播种后几天内即可发芽。另外，很多耐寒性一年生植物，如爱尔兰风铃草、飞燕草以及黑种草不耐移植，所以将它们直接播种到土地里，反而长得更好。

　　直接播种可以手工完成，但是如果需要播种很多排，而且每排空间比较窄小，可以使用手推式播种机，让这项困难无趣的事变得更简单。这种方便的机械会挖出一个沟，将种子撒进去，然后当你以正常的速度推着它向前走时，它会自动翻动土壤将种子覆盖。使用这种机械，可以在不到30秒的时间内完成一个宽约7.6m的种植区的播种。

播种步骤

❶ 将盆栽基质用水润湿，需要完全彻底的潮湿，但不要滴水。

❷ 将基质装满穴盘或育苗盆，然后紧贴桌面轻磕容器，这样里面的基质就会沉下去，挤出空气，避免容器内留有气孔。

❸ 将植物名称和播种日期记录在标签上插到穴盘或育苗盆上。

❹ 参考种子包装袋上建议的播种深度播种。根据种植经验通常播种深度为种子长度的两倍。用手指、铅笔或者点播机在每个孔穴内挖一个洞。

❺ 每一个孔洞里播一两粒种子。

❻ 将混合好的育苗基质轻薄地覆盖在孔穴上。对于颗粒较大的种子，须增加约0.6cm厚的盆栽基质——完全覆盖孔穴表面。确保所有的种子都被覆盖。

⑦ 将完成播种的穴盘或育苗盆放在一个大塑料盆里，盆底注入约2.5cm深的水，让基质从下面吸收水分。一旦基质表面均匀湿润，就将其移走。记住，千万不要让穴盘或育苗盆浸在水中的时间超过1小时。

⑧ 用一个透明的塑料罩罩住穴盘或育苗盆，将它们放在约20℃的加热垫上，或者室内温暖的角落。在需要再次浇水之前，种子通常会发芽，但是在播种两三天后，应检查基质是否湿润。如果发现基质变干了，应再次将穴盘或育苗盆浸于大塑料盆的水中，让基质从底部吸水。

⑨ 每天检查穴盘或育苗盆。一旦种子发芽了，就将塑料育苗罩移开，将穴盘或育苗盆放到一个光线明亮的地方，例如阳光房或温室，或者将它们放在荧光灯下。植株萌发的第一片叶片或第一对叶片称为"子叶"，随后长出的叶片称为"真叶"。在真叶出现之前，要一直采用从底部吸水的方式补充水分。

⑩ 每天检查植株幼苗，当基质变干时，用软管或洒水壶接上雾化喷头浇水。随着幼苗的生长，需要给植株施肥。可以施用少量的液体海藻肥或鱼蛋白液体肥（按照产品标注的使用说明来施用）。施肥可以随着每周的浇水一同进行。

⑪ 当幼苗长至约5cm高时，不再适合种在穴盘或育苗盆里，应将它们移植到较大的容器中。此时如果天气已经足够暖和（在所有发生霜冻的危险过去之后），也可以将它们直接定植到室外。

⑫ 将幼苗定植到花园之前，一定要炼苗，这点很重要。这样可以保证幼苗在露天环境下苗壮生长，否则它们会不适应温度的突然改变。炼苗的方法是，将穴盘或育苗盆放在室外有遮挡的地方，开始时每天放置2~3小时，随后逐渐延长放置时间，这个过程大概需要持续1~2周，然后就可以将幼苗完全放置在室外了。炼苗这个步骤有助于幼小的植物适应室外极端的温度波动。

25

设立植物支撑物

　　一整片生长旺盛、开花繁茂的植物被春季的大雨或夏季的风暴所摧毁，这是毁灭性的。对于茎干较长且直立生长的植株来说，为它们提供有力的支撑，是避免遭受恶劣天气损害的关键。以下这4种为植物设立支撑物的方法是我最常使用的，可以确保切花花园中的植物长得高大挺拔。

围栏

　　当整片苗床栽满了体形高大的植物时，如波斯菊、大丽花，在它们周围搭建一个带立柱的围栏，是最快捷、最简便的提供支撑的方法。在苗床的四个角将较重的木桩或金属桩用力地敲入地下，地上部分留出1.2~1.5m高，沿着苗床的四边，每隔2.3~3m设置一根立柱。在立柱地上部分高约1m的地方缠绕麻绳，拉住绳子的一端，尽最大可能将绳子拉紧，然后将绳子缠绕至下一根立柱上。立柱中间拉紧的绳子可以防止苗床中的植物倒伏到通道上。对于超过1.2m高的植物来说，应该加设第二层拦护绳，高度要高出第一层约30cm。

种植网

　　对于能够产生大量分枝且枝条轻盈舒展的植物，如爱尔兰风铃草、黑心菊、鸡冠花、菊花、大阿米芹、金鱼草和百日草，可以使用带有15cm×15cm网格的塑料网来进行支撑。最好在植物一栽种后，或长到30cm高之前铺设支撑网。在苗床的四个角将较重的木桩或金属桩用力地敲入地下，然后环绕苗床四周设置立柱，立柱地上部分高度约为1.2m，每根立柱相隔约2.4m。在离地面46m高的地方架起支撑网，将支撑网穿过立柱拉紧，或用拉绳将支撑网固定在立柱上，这样它们就像一张薄被单一样罩在植物上。随着植物逐渐长高，枝条会从网格内穿出来，这些网格给枝条提供了必要的支撑，无论刮风下雨都能让植株

26

保持直立。花朵较大、较厚重的植物，如菊花，需要架设双层支撑网，上下两层之间大约间隔30cm。

加固支撑

体形庞大的植株，需要增加一些额外的支撑，例如大花飞燕草或单棵的大丽花，应给它们单独架设支撑物。当植株长到约30cm高时，在距离植株基部几厘米的地方钉入1~1.2m高的立柱作为支撑柱。随着植物的生长，用麻绳或细线将其枝条绑缚到立柱上，每隔15~20cm绑缚一次。

网格架

一些长势旺盛的攀缘植物，如铁线莲、香豌豆，种植之前一定要搭建好牢固结实的网格架，这一点非常重要。这种网格架一般用1.8m高的木制或金属制柱子来搭建，一定要坚固结实。按照规划好的种植行，每隔2.3~3m放置一根立柱，然后用铁丝或扎线带将1.8m高的金属栅栏（类似细铁丝网）绑在立柱上。当藤蔓长到大约30cm高的时候，用麻绳绑缚在栅栏上固定住，这样藤蔓就牢牢地依附在了栅栏上，任由风吹雨打也不会倒伏。像香豌豆和旱金莲这类生长迅速，但没有吸盘和卷须的植物，可以每周绑缚一次引导其向上攀爬。

摘　　心

夏季来临，一年生开花植物已经长出分枝，这时摘心是最重要的工作之一。摘心可以促进植株从基部长出更多分枝，从而增加每棵植株的花枝数量，还可以增加茎枝的长度。

摘心的操作方法：当植株处于幼苗期，长到20~30cm高时，用尖锐的修枝剪将顶端7~10cm长的枝条剪掉，切口部位应正好位于一对叶片之上，这样便会促使植株从切口下面生长出更多枝条，从而产出数量更多、更繁茂的花枝。苋、多头向日葵、鸡冠花(除了"孟买"系列的所有品种)、波斯菊、大丽花、金鱼草，以及百日草等，如果摘心操作得当，都能够达到令人满意的效果。

我只对一年生植物中花枝数量较多的多花型品种进行摘心。那些一个枝头只能开出一朵花的品种，例如单头向日葵和鸡冠花"孟买"系列，不需要摘心。

本书中，我将分享一些小窍门，比如哪些植物适合摘心，以及在什么阶段进行摘心才能够达到最好的效果。

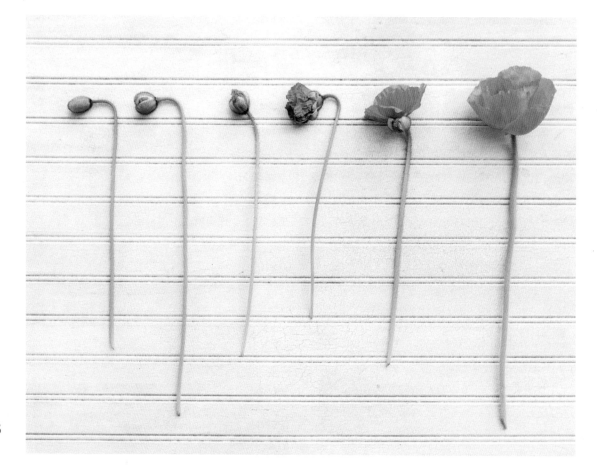

鲜切花的养护管理

漫步在花园中，采下一大捧亲手种植的鲜花，用它们创作一件精美的花艺作品，这会是一场令人无比兴奋的深刻体验。经过数月的细心照料、辛勤劳作获得的这份奖赏无疑是无价的。

纵览全书，在接下来的各个章节中，我分享了一些行之有效的诀窍——针对不同品种的鲜切花，如何才能获得更长的瓶插寿命。除了这些特定的小窍门之外，下面这些鲜切花养护管理的小技巧也非常重要。这些小技巧将有助于你的鲜切花生产获得最大的收益。

水桶和花瓶在使用前应进行清洗和消毒

在延长鲜切花采后瓶插期方面，一个卓有成效的经验是将容器彻底清洗干净，干净到可以直接用来喝水。这是你可以采取的最重要的一项措施。肮脏的容器是细菌的宿主，这些微生物会堵塞花茎，造成水分吸收受阻，显著缩短鲜切花的瓶插寿命。

在一天中最凉爽的时候采收

无论是清晨还是傍晚，植株的花茎都处于最丰满、含水量最高的状态，此时采收后插入水中，枝条会以最快的速度从切割离体后的休眠状态中恢复过来。

在适宜的成熟阶段采收，保持最长的瓶插观赏期

每一个品种的花朵都有一个理想的采收时间，在本书接下来的章节中我会按照植物品种详细讲述。但在大多数情况下，应在花朵完全开放前采收，也就是说要在蜜蜂发现它们之前就将它们收归己有，这是最理想的状态。因为一旦花朵通过蜜蜂开始授粉，植株就会收到做好结籽准备的讯号，这时采切下，从内因上就会导致鲜切花的瓶插寿命缩短。

将采切下的花茎置于冷凉干净的水中

鲜花采切后，应将花茎下半部分的叶片去除，然后迅速放入冷凉干净的水中。这样处理后，花茎上要补充水分的叶片数量变少了，可以有效减弱花朵萎蔫的趋势。在收获季节，最简便的方法就是直接拎一大桶水到花园中去。

采后调理

将装有采切下来鲜切花的水桶放置在凉爽的地方，避免阳光直射，经过几小时的调理后再将鲜花取出使用。这样可以让花朵和叶片充分补充水分，保持良好的状态。

添加鲜花专用保鲜剂

这种"鲜花营养品"包含了三种重要的成分：糖、酸化剂和杀菌剂。将鲜花保鲜剂与花瓶中的水混合在一起，这些成分会让花茎持续获得充足的营养，并能够维持花瓶中的水呈酸性状态以利于花茎持续吸收水分，同时可以防止花瓶里有害细菌的滋生。在1L水内添加5g保鲜剂粉末，搅拌均匀后，再放入鲜切花即可。

再次修剪茎枝

将采摘下来的花枝放入花瓶之前，应用锋利的修剪工具将茎枝末端倾斜地剪掉一小段，有利于促进枝条持续稳定地吸收水分。

特殊品种的处理方法

"脏花"的处理方法

某些品种的鲜切花被人们戏称为"脏花"。这类鲜花之所以如此"臭名昭著"，是因为将它们置于水中后会以非常快的速度让本来干净的水变浑浊，甚至添加了鲜花保鲜剂的水也不能幸免。黑心菊、向日葵、蓍草，以及百日草都是这个"脏花"俱乐部的成员。为了抵御它们的这种行为，尽量延长花朵的瓶插寿命，可以在将鲜花保鲜剂加入水中的同时滴入几滴漂白剂。

吸水性较差品种的处理方法

某些品种的花朵和叶片插入花瓶后十分美观，但难以吸收瓶中的水分。针对这类娇弱的品种，可以在采收后将它们的茎枝末端浸入沸水中，或将茎枝末端置于明火上烤7~10s，这时会发现花茎的颜色和纹理发生了变化，然后再将它们置入盛有冷水的花瓶中。这种处理方法适用于罗勒、冰岛虞美人、薄荷，以及芳香天竺葵，其他采后易萎蔫的品种也可以尝试用这个方法解决。对于大多数品种的鲜切花我都会采用沸水浸烫法，因为非常简便易行（可以一次处理一大束花），但是对冰岛虞美人来说，灼烧法会更有效。

木质化茎枝的处理方法

很多开花乔木和灌木都是很好的切花材料，但是让它们木质化的茎枝在采收后吸收到充足的水分是件十分棘手的事情。这类枝条被剪切下来以后，应将下半部分的叶片去除，然后用锋利的修枝剪将木质化的茎枝末端纵向破开几厘米长，再将它们直接置入盛有干净冷水的桶中静置调理，然后就可以取出来用于插花了。

专用工具

称手的工具不仅可以确保工作快速完成，而且如果是按照人体工程学原理设计的工具，还有助于缓解繁重的园艺工作对身体造成的影响。这些年来，我亲自测试了几十种不同的工具，以寻求几款最完美实用的。下面列出的这些，我建议可以成为每一位切花种植者工具库中的常备工具。

园艺工具

背负式喷雾器　我有一个约11L的背负式喷雾器，用于喷洒堆肥茶。如果在花园里使用除草剂或杀虫剂，一定得为每种药剂配备单独的喷雾器，并标示清楚。我曾见过很多种植者不小心将栽种的全部作物都"杀死"了，因为他们从工具棚里拿错了喷雾器。

手推式播种机　这种播种机的播种速度快而且使用简便。人在后面推着播种机前进，播种机在地面上开沟，并根据预先设置好的种植间距播种，然后覆土，并将土壤压实后留下印记，作为播下一排种子时的参照位置，所有这些只需一个简单步骤即可完成。一般在秋季我使用这种播种机来进行耐寒性一年生植物的播种，在夏季则用来播种快速发芽的植物，例如向日葵和百日草。

工具腰袋　一些基本的工具放在随手可拿的位置是提高工作效率的关键。这种皮制工具腰袋可以放不种类型的修枝剪，还带有手机袋，另外还留有空间放置钢笔和铅笔，方便我随时记笔记，标注种植品种和采收信息，而不用每次都跑回办公室或工具棚。

花剪　在日常的鲜切花采收工作中，轻便的尖嘴花剪是我最常使用的工具。无论是纤细柔弱的花枝，例如香豌豆，还是粗壮的花茎，例如大丽花和百日草，都可以使用它。这种花剪大小适宜，正好可以握在手掌中，即使连续采收几小时，也不会感到手腕酸痛。

园艺手推车　这种手推车可以用来搬运任何东西，包括托盘、水桶、手持园艺工具，以及采收下来的鲜花。

手套　修剪月季以及清理杂草丛生的花园时，必备一双结实耐用的手套。我工作时佩戴的是一种带有丁腈涂层的手套，非常轻巧，而且很耐用，透气性好，容易清洗。

大型金属耙子　将堆肥在苗床上摊开、铺平，然后铺设地布或播种，完成这项工作最棒的工具就是这种大型金属耙子。

尖头带锯齿的园艺刀　我非常喜欢这件工具。它可以用来进行人工除草、移植幼小的穴盘苗，也可以用来种植一些株型较大的植物，例如大丽花和一些多年生植物。

日式园艺手锄　设计匀称、轻便、结实，这件锋利的"小宝贝"是我最喜爱的短柄园艺手锄。

长柄干草叉　这种长柄干草叉可以用来在苗床上铺撒堆肥以及覆盖物，也可以用来为苗床翻土。秋季时可用它将地下的大丽花块茎以及其他鳞茎植物的种球挖出来。

长柄铁锹　每个园丁都需要一把好铁锹，而且最好手柄舒适、结实。这种工具的用途非常广泛，包括苗床翻土、深度挖掘、移除土壤、挖石头、移栽植物等。

长柄钢丝草耙　这种长柄的，按照人体工程学原理设计的草耙是一种非常理想的锄草工具，可以站着使用它来进行锄草工作。

修枝剪 一把牢固耐用的修枝剪是修剪木本植物的必备之物。我喜欢的品牌是"爱丽斯"，因为它们的刀片是镀铬的，可以防锈，手柄也是按人体工程学原理设计的。

小型金属叶耙 这是最常用的通用型工具之一。通常我用它将肥料均匀地铺撒在苗床上，或用来摊铺覆盖物和清理地布上的杂物。

单轮手推锄 对于种植面积超过2000m²的花园来说，在没有地布覆盖的种植区，用单轮手推锄来处理种植区域内过道以及两排苗床之间的杂草，效果非常理想。它的工作速度是手锄的两倍，而且稍加练习就可以非常精确地使用了。

手推车 装载量达到1.8m³的手推车对于运送大量堆肥和杂草来说再合适不过了。这种小车体积非常小，很容易控制操作。在淘汰了一些生锈的手推车后，我选择了塑料材质的小车。

花艺工具

在灵感来袭时，拥有得心应手的工具以及适宜的辅材，是顺利制作出花艺作品的关键。以下这些工具和辅材是我的花艺工作室中的必备品。

铁丝网 铁丝网是一种很好的替代有毒泡沫的材料。将一团铁丝网置入花瓶中，可以为较重的枝条提供牢固的支撑使其保持直立。

织物剪刀 专门准备一把锋利的剪刀仅供剪丝带用。为了保持刀刃锋利，可以在剪刀的手柄处绑一条丝带作为标记，提醒你不要用它来剪纸或金属丝。

花艺用黏土 这种防水的黏土可以将花插牢牢地固定在花瓶的底部。常见的有绿色和白色两种。我更喜欢绿色的，因为它看起来更持久、更耐用。

专用胶带 这种胶带轻轻拉伸开后才会有黏性，非常适合用来制作插于翻领纽扣孔上的花束、胸花。它有多种颜色可供选择，但我发现淡绿色是最万能的。

花插 花插上通常布满针头，也有带小孔的，可以在手工艺品商店中买到，但是我经常去古董店和跳蚤市场上淘，看看能否找到形状和大小更有特色的。对于比较浅的花器，使用花插可以保证较重、较长的花材顺利插放，而不用担心失稳翻倒。

花剪 我在园艺工具部分提到过这类工具。在处理花束时，它们也是必不可少的。

手套 轻便带有丁腈涂层的橡胶手套我每天都会用到。它耐用、透气、易于清洗。在处理像爱尔兰风铃草和月季这类棘手的花材时，手边有它们是最棒的，而且在处理大阿米芹枝条时，佩戴它可以保护双手不会受到枝条上流出的汁液的刺激。

带线轴的金属丝 这种缠绕在线轴上的专用金属丝在大多数工艺品商店都可以买到，是制作花环的理想辅材。有时这类金属丝还会被制作成预切割好的（通常被标记为花艺专用金属丝）出售。无论是带线轴的还是预切割的，我更喜欢用22号金属丝。

覆纸金属丝 这种金属丝多为绿色和棕色，用它可以非常方便地制作出完美的花冠底座。我经常用这种材料将花环绑系在楼梯扶手、栏杆或门廊处。

修枝剪 一把结实耐用的修枝剪非常适合用来修剪粗壮的木质化枝条，而且可以同时剪多根。

玫瑰去刺器 这个方便的小工具可以将玫瑰等其他带刺花茎上的刺轻松而快速地去除掉。

橡皮筋 我总是在花园里随处散放一些这类小物件。

麻绳 简单、天然的麻绳可以用来绑系花束，也可以用来制作花环。

鲜花储水管 这种微型容器装满水后足以让鲜花保鲜一两天。这种小水管有很多规格，长度也有所不同。对于预制的花环或拉花，添加花材时花茎根部必须插上这种小储水管。

防水花艺胶带 这种花艺胶带非常结实，适合用来固定放在花瓶中的细铁丝网，也可用来将花束包裹捆扎得更结实。我最喜欢用的规格是直径约0.6cm宽的。

金属花环框架 这种金属框架有多种尺寸。在大多数工艺品商店都可以买到，用于制作花环牢固而结实的底座。

34

S P R

ING

春　季

唤醒无限新活力

毫无疑问，在四季中我最喜欢的季节就是春季。太阳终于回到了我们这个阴雨连绵之地，在任何一个角落都可以发现新的生命正在萌动。清晨，处处可闻鸟鸣的农场里弥漫着泥土的温馨气息，空气中飘散着青草切割后溢出的清香，混合着各种花枝的芬芳，直到黄昏。满怀着无限的希望和潜能，我发现一直在花园里忙碌穿梭的自己，喜悦之情溢于言表。

春天，夹杂着"嗡嗡"的忙碌声，为大地带来了活力与生机。我们在温暖的温室里播下了成千上万粒种子，并将数百株幼苗栽种在花园中。一旦第一批花朵绽放就意味着可以收获了，这时的生活往往会变得有点混乱。每天我都在除草、整理苗床、栽种植物、采收并捆扎鲜花中度过，从黎明一直忙碌到黄昏。

无论是在花园里超长时间地工作着，还是又没控制住自己播下了超级多的种子，这都是一年中我最容易"得意忘形"的时候。每一粒微小的种子最终都会长成一株高大健壮的植物。它们需要充足的生长空间，需要你倾注足够的注意力，细心地照料、养护。栽种一批超出计划的种苗的确诱惑很大，但我必须不断地控制自己，坚持按照自己制定的花园规划来工作。

主要任务

播种

　　整个切花花园中75%的工作都需要在春季的三个月里进行。对于种花这件事来说，春季在温室里播种，大概是我最喜欢做的一项工作。撕开每一个小包装袋，将这些细小的种子塞进装满基质的容器里，这一系列动作无论做了多少次，对我来说都是充满新鲜感的。我会先播种一些耐寒性一年生植物。这类植物能够抵御较寒冷的天气，而且开花较早，例如飞燕草、黑种草、大阿米芹。只要春分一到就可以播种，几周之后，再进行第二次和第三次补种。对于一些喜好高温的品种，例如罗勒、鸡冠花、万寿菊、百日草等，可以稍晚些播种，通常在春季最后一个霜冻日前两三周即可。

大丽花分株

　　在春季最后一个霜冻日的前几周，我会从地下室的越冬储藏处取出装有大丽花块茎的盒子，对块茎的情况逐一进行评估以确定它们是否受到损伤。去除腐烂、发霉或干瘪的块茎后，便将块茎分株。为了在春季提早享受到采收的喜悦，可以在早春就将块茎分株，然后种在花盆里，放入温暖的温室中，这样它们就可以比规划的时间提前生长。接下来，一旦春季最后一个霜冻日过去，就可以将已经长出叶片的大丽花小苗移栽到花园中了。与在此时直接将块茎种在花园中的植株相比，这些植株可以提早6周开花。

土壤准备及养护工作

　　春季花园中最大的一项工程就是植物栽种前的土壤准备及养护工作。在这项工作上多花一些时间，真正操作、处理得当，那么在这一年接下来的时间里，你的切花花园定会花繁叶茂，收获满满。我通常在正式开始种植前一个月进行土壤准备工作，这样可以确保有足够的时间来完成这项工作，同时也留有充足的时间让堆肥和其他土壤改良剂充分融入土壤中。

栽种小苗

　　春日里暖洋洋的天气可能会让你误认为将幼嫩的小苗直接栽种到露天花园里是安全的。但是，一定要密切注意春季最后一次霜冻的日期——如果无法确定日期，可以咨询一下当地的苗圃。另外还要确定一下所种植的品种能够耐受的最低温度是多少，因为每年这个季节都会意外出现极端低温的情况，而有些植物品种并不能抵御如此低的温度。一些耐寒性一年生植物在夜间寒冷的情况下也能生长，甚至可以禁受住轻微霜冻的考验，例如飞燕草、黑种草、大阿米芹、金鱼草等。通常，我会在最后一次霜冻期前一个月将这些品种栽种到花园里。如果遇到气温低于0℃的严寒天气威胁，就用单层或双层的防霜布将植株盖住，直到寒潮过去。

　　但是一些夏季开花、喜好温暖气候的品种，如鸡冠花、大丽花、万寿菊、百日草等，与这类耐寒性较好的品种相比就相差甚远了。如果遭受低温侵害，它们往往会死去。这种类型的植物应该在霜冻期结束，土壤温度达到10℃之后，再栽种到室外花园中。在我所在的地区，通常是在春季最后一个霜冻日之后的两三周栽种它们。记住，所有的幼苗在被栽种到花园后的第一个月内，都需要进行有规律地养护，以确保它们健康、苗壮地成长。幼苗栽种后要立即浇一遍透水，此后的浇水工作要以保持地表湿润，但不潮湿为宜。我一般的操作规律是一周浇一次水——在接下来的生长期内基本都按照这个频次进行。

除草

　　随着白昼变长，在太阳的照耀下土壤温度开始升高，杂草几乎一夜之间就长出来了——处理它们成为春天最重要的工作之一。为了确保植株有最好的生长环境，尽可能地保持它们生长的区域不受杂草干扰，这点至关重要。最好的，也是最容易处理杂草的时机就是当你看到杂草小苗刚冒头时就除掉它们。可以用除草专用锄头，紧贴着土壤表面下2.5cm深的位置，将杂草小苗连同根部一起割掉。每周都要做这项工作，以阻止杂

草疯长。手工除草效果也很好，一定要在杂草还是小苗的时候定期去除。

覆盖

防止杂草生长、保持土壤水分最简单的方法之一就是在植物的根部区域进行覆盖。很多覆盖材料的效果都不错，关键是要在杂草出现之前将护根物放置在适宜的位置。在我的农场里，通常使用园艺地布来覆盖种植区域的通道和苗床，因为种植区的土壤里难免会混进杂草种子。

对于像乔木和灌木这类大型的永久性植物来说，用树皮作覆盖物往往会获得意想不到的效果。早春时节，在这些植物根部周围的土壤表面铺设一层硬纸板（确保植物根部区域的土壤表面被完全覆盖，没有裸露的地方），用水将纸板淋湿，这样下面的土壤也会被浸湿，然后在上面堆放10~13cm厚的树皮或木屑。一定要防止覆盖物直接接触植物的树干或根部，因为这样会导致植物腐烂。不要使用雪松木制成的木屑作为覆盖物，因为它们会抑制植物的生长。每年春天我都会重新铺放一层新的树皮或木屑，这样整整一年都不会有杂草长出来了！

对于株型较小的植物，腐熟的堆肥、枯叶，及稻草的覆盖效果都不错。切记不要用干草，因为里面会混杂大量的杂草种子，让杂草问题恶化。

设置支撑物

对于多年生植物和一年生植物来说，种植网和支撑杆都是确保枝条又长又直必不可少的支撑物，而且一旦遇到较大的雨水，设置了支撑物可避免已经长得枝繁叶茂的植株发生倒伏。对于大多数需要设置支撑物的植物来说，可用作支撑物的材料很多，包括竹竿、金属种植笼、塑料种植网等。关于栽种植物时最适宜采用哪种支撑方式，下面的章节里会提到。关键是在植株尚处于幼年时就要将支撑物设置在合适的位置，这样它们就可以围绕支撑物生长。若等它们已经长成后再插入支撑物，往往会给植株造成损伤。

46

主要任务

特色植物

二年生植物

二年生植物是一群非常有特点的植物。它们第一年只长叶，第二年才会开花、结籽，然后死去。我将它们视若珍宝，因为当最后一批郁金香凋零，第一批一年生植物种下时，花园里大段的空窗期只有靠它们来填补了。而且，这类植物是你采切下来的花儿越多，就会开得越多，可谓春季花园里的主力军。

种植方法

这类植物的播种期比其他大多数植物要晚一些，通常在春季快结束时才开始播种，夏末将幼苗定植到花园里。理想情况下，在秋季第一次霜冻到来之前，至少要确保植株有6周的生长时间。这类二年生植物一旦定植到花园后，无论哪个品种，都会在天气变冷前长出一大丛叶片，然后从秋季到整个冬季进入休眠状态，在翌年春末的几个月里苏醒、开花。这类植物的播种和种植都很容易，一般情况下可耐受−1℃的低温。

喜爱的品种

风铃草 这个在怀旧风格乡村花园中最受欢迎的品种，同样是每一位切花花园种植者的必备品种。无论是单瓣还是重瓣，风铃草巨大的花茎上都会开满像气球般的花朵，颜色包括白色、粉色和紫色。这些与众不同的花朵放置在花瓶中能够持续观赏很长时间。风铃草长成后体形较大，所以在种植时需设置种植网支撑，这样即使春季遇到大雨，也能保持直立生长。**瓶插保鲜技巧**：当花茎顶部的花蕾已经显色，花朵刚刚打开时采收。风铃草鲜切花制作成花束放置在花瓶中几乎能持续观赏两周。

耧斗菜 虽然这个品种属于多年生植物，但是我发现，将它们当作二年生植物种植，并且每个季节补种新的植株，会在每年春天采收到更多的鲜切花。年老的植株种植一两年后难免会因为病害而枯萎凋谢，仅靠它们通过自播而繁殖的幼苗，数量有限，并不足以成为真正意义上的切花生产作物。可供选择的耧斗菜品种不胜枚举，几乎所有的品种都适合作鲜切花。"巴洛"系列株型高大，是非常惹人喜爱的重瓣品种，如果土壤肥沃，通常能够长出7~10枝花茎。另一个表现非凡的系列是"塔"系列，高大挺拔且长达1m的花茎上挂满了几十朵完全重瓣的硕大花朵，看上去宛如一件件朝上翻起来的漂亮芭蕾舞裙。虽然耧斗菜的花期比较短，但是这些迷人的"小美人"绝对值得在花园中占有一席之地。**瓶插保鲜技巧**：在花朵绽开的初期（任何一朵花开始掉落花瓣之前）采收，以尽可能地获得最长的瓶插寿命。

毛地黄 这种美丽迷人、形态优雅的植物有太多惹人喜爱的优点。当我还是个小女孩的时候，它就四处散落在我们的花园里。我喜欢看着饥饿的蜜蜂在毛地黄布满斑点的花朵里若隐若现地忙碌着采集花粉。毛地黄有很多品种可供选择，但我一直钟爱的品种是'阿尔巴'和'杏黄美人'。**瓶插保鲜技巧**：我发现，一旦花朵被授粉就会凋落，所以一定要尽早采收。可以在只有位于花茎底部的少量几朵花开放时将花茎采切下来，以获得最长的瓶插寿命。

风铃草

耧斗菜

毛地黄

欧亚香花芥

银扇草

须苞石竹

欧亚香花芥 这是乡村风格花园中最受欢迎的品种，花色有白色、紫罗兰色以及混色，偶尔也会有一种漂亮的淡粉紫色。欧亚香花芥非常容易栽种，是花园中除球根植物以外第一批开花的植物。这种花带有浓郁的香味，放在花束中十分新颖。这种植物的花朵被采切得越多就开得越多。花朵凋谢之后，花茎上会结满漂亮的果实，宛若细小的、闪闪发光的青豆。我喜欢将它们混合在一起制成花束。有一点需要注意，欧亚香花芥的花茎采收后放置到水中会略微长长一点点，就像郁金香一样，所以如果将它们和其他品种的鲜花搭配在一起制成花束，需要在放入水中之前将它们的花茎稍微剪短一点，以便留出生长的空间，呈现最佳的观赏效果。**瓶插保鲜技巧**：不需要特殊处理，瓶插期可长达一周以上。

银扇草 这个春季花卉珍品能够被选中栽种到花园中，很大程度是因为它那美丽的果实。这种植物在不太理想的生存条件下也能茁壮成长，例如阴凉的地方或贫瘠的土壤。银扇草的花可以在早春采收，但是它的盛花期较短，所以并不是一种非常可靠的切花作物。我喜欢当果荚还是绿色的时候就采切下来使用，如果让果荚再稍微长得

成熟一些，就会呈现出紫色。每一棵银扇草都可以长出20~30枝长长的花茎，上面布满亮绿色的果荚。可以将花茎晒干后制成干花，用于制作秋季花环和花束。制作干花的方法是，将新采收的花茎直立倒挂在一个温暖、阴暗的地方，持续两三周，或者它们摸起来已经变得干枯就可以了。经过干燥处理后，应小心地取放茎枝，因为果荚干燥后很脆弱，非常容易脱落。**瓶插保鲜技巧**：这些果荚在新鲜状态下可保持一个多星期的观赏期，不需要进行特殊处理。

须苞石竹 所有我栽种过的二年生植物中，强健的须苞石竹是春季花园中产花量最高的植物。虽然从外观上看，它的花朵并不是特别出类拔萃，但是与其他花材搭配在一起，不仅为整个花束添加了几分亮丽的色彩，还赋予了几缕芬芳，而且它的瓶插寿命特别长。须苞石竹栽种容易，耐寒性好，通常情况下，稍加照看就能够健康生长。我喜欢高大重瓣混色的品种，以及两个叶色较深的品种：'奥斯切博格'和'煤烟'。**瓶插保鲜技巧**：当花茎顶部只有几朵花绽放时采收。这样不仅可以避免绽放的花朵在花园中淋雨受损，而且可以确保花茎的瓶插寿命长达两周。

洋水仙（黄水仙）

我曾经以为洋水仙只有一个品种，就是春天几乎每一家花店都有出售的个头很大、华美而亮丽，但价格又很便宜的那种。但是几年前的春天，我参观了一位荷兰园艺大师的农场后，便被引入了一个由形形色色的洋水仙组成的全新世界，有些品种我甚至都不知道它们的存在，从那以后我便迷恋上了这种魅力无穷的美丽植物。

洋水仙是一个极具吸引力、品种多样化的植物家族。你可以看到花色及形态各异的品种，有微型的、带香味的、皱边的、重瓣的，还有复色的品种。它们的耐寒性很好，种植简单，而且很少受到病虫害的侵扰。洋水仙繁殖迅速，这意味着仅需在早期投入少量费用购买种球，即可在接下来的几年里收获越来越多的鲜花。花园中栽种洋水仙最大的优势就是在早春便能迎来这些可爱迷人的花朵，因为它们远比花园中其他植物醒得早。

种植方法

为了能够挑选到最好的品种，通常在夏末就要开始订购种球了，然后秋天将其种下。种植时，只需在土壤中添加堆肥改良土壤，并在种植穴中施放一些球根花卉专用肥料，不需要进行其他特别的处理。根据总结出来的种植经验，种球的种植深度是其自身高度的两倍，两个种球之间的种植间距与种球宽度相等。

作为切花作物种植时，洋水仙种球可以成排栽种。除了栽种在规划好的切花种植苗床上，也可以分散地种植在花园的花坛中或花境里，任何种下它们的地方都可以采收鲜花。当植株上的花朵凋谢后，就会长出叶片，此时就没那么有吸引力了，但是这时最重要的是一定要抑制住将它们剪除的冲动，一直要等着，直到叶片变黄，开始从植株上脱落，这是一个信号，表明植株的光合作用过程已经结束，这时就可以放心地将地上部分剪除了。

洋水仙繁殖得非常迅速，在栽种后的两三年内，拥有的种球数量至少会翻一倍。初夏，叶片开始褪色变黄时，是将它们挖出来进行分株的最佳时间。可用干草叉或铁铲，将已经长成一大簇的种球挖出来，小心地将它们分开，再重新种下去。每4年至少可以进行一次分株。

喜爱的品种

我的农场里共栽种了22个品种的洋水仙，下面是我最喜爱的几个品种。

'水中花'　这是一个非常美丽的单瓣品种，赏心悦目的象牙白色花瓣和橙色副花冠交错在一起，娇美的姿态令人难忘。.

'甜橙'　这是一个非常有特点的拼合式品种，白色带有褶皱的花瓣和副花冠格外引人注目。

'花色小蛋糕'　这个品种别具一格，在我见过和栽种过的洋水仙中，没有比它更优雅迷人的了。外面那圈象牙白色的花瓣完美地勾勒出双层皇冠般的外形，里面那层副花冠由杏粉色、奶油色和桃红色混合而成，呈褶皱状复瓣，格外精致。如果只能栽种一种洋水仙的话，我会毫不犹豫地选择这个品种。

'花色小蛋糕'

'水中花'

'粉红魅力'

'温斯顿·丘吉尔爵士'

'大溪地'

'黄色快乐'

'甜橙'

'**粉红魅力**' 象牙白色的花瓣，以及柔和的桃粉色杯状副花冠，这真是一个令人惊艳的品种。它们仿佛是从一幅16世纪的荷兰油画中复制过来的，无比浪漫经典，美丽独特。

'**温斯顿·丘吉尔爵士**' 这个品种的花茎粗壮，顶部缀满浓密的白色花朵，属多花头的品种，并带有浓郁的香味。

'**大溪地**' 这是一个活力四射的黄色皱边品种。黄色的花瓣中间夹杂着些许红色。花茎又高又壮，花朵硕大。

'**黄色快乐**' 这个可爱迷人的小花型品种带有浓郁的香味，瓶插期可达一周。

瓶插保鲜技巧

一般来说，如果在花朵完全绽开之前采收，所有洋水仙的瓶插期大约可达一周。记住，洋水仙的花茎被剪下后会渗出一种黏滑的汁液，这种汁液对其他花卉有毒，并且会大大缩短它们的瓶插寿命。用于花艺创作时，为了避免影响其他花材，需要先对洋水仙进行处理——将新剪下的洋水仙花茎放入冷水中浸泡2~3小时。在这期间，花茎末端的伤口会愈合，有毒的汁液会停止渗出。处理完后，在插花过程中就不要再修剪洋水仙的花茎了，因为一旦有新的伤口，有毒的汁液就会又渗出来。当然，你也可以只用洋水仙来制作花艺作品，比如将几枝不同品种的洋水仙插在一起，这样一来，有毒的汁液就不是问题了。

特色植物

精美的球根花卉

初春时节，乔木和灌木萌发出大量新芽，但此时很多植物尚未绽放出花朵，只有靠球根花卉来拯救平淡的花园了。作为最引人注目的植物家族之一，球根花卉对于任何一座春季的切花花园来说都是"骨干力量"。它们那艳丽的花朵、充满活力的色彩、柔和的香气，以及各种微小的细节，尽显魅力，让人无法抗拒。

郁金香、洋水仙这类广为人知的球根花卉为春天的聚会贡献了精致美景，但是下面这些并不为人熟知的球根花卉珍品也可以让你在早春时节满载而归。在切花花园里种满各种类型的球根花卉，意味着在接下来的几个月里，会有源源不断的花材供你采收。

种植方法

球根花卉几乎不需要太多的关注和照料就能长得很好，对于建造切花花园的新手来说堪称完美。只要按时将它们种下，土壤肥沃，阳光充足，就会在春天得到回报。

因为大多数的球根花卉都需要经过寒冷冬天的低温阶段才会在第二年开春开花，所以需要在秋天将种球种下。对于冬季较温暖的地区，可以考虑购买经过预冷处理的种球。

栽种前，应做好土壤的准备工作。栽种时，根据种植经验，种球的种植深度是其自身高度的两倍，两个种球之间的间距与种球宽度相同。按照这个规则，将种球栽种成一排，它们会在整个冬季生长发根，然后在早春时节破土而出，绽放美丽的花朵。

喜爱的品种

银莲花 与其他的品种每个种球仅能生长出一两朵花不同，银莲花的花量极其丰富，通常在整个春季每个种球可开20~25朵花，并且可以接连盛开好几个月。为了促使植株长出更多花茎，采收时一定要从植株基部将花茎剪下。相较其他球根花卉，银莲花更娇弱一些，所以在冬季需要采取一些额外的保护措施。秋季，将银莲花种球栽种到低矮的拱棚里，在极端寒冷的天气（低于-4℃）来袭时，需要额外在银莲花植株上部加盖一层防霜布，然后在拱棚下面加设一层保温层。银莲花的种球长得有点像棕色的小橡果（橡子），栽种之前需要将它们浸泡24小时，然后尖端向下栽种到土壤中，种植深度约5cm。几周后，小小的嫩芽就会从土壤中萌发出来，带着绿色的叶冠。整个冬天植株会一直生长，直到早春才长出花苞。**瓶插保鲜技巧**：银莲花的瓶插寿命非常长，如果在花朵刚绽开时就采收，瓶插寿命达到10天基本没什么问题。在水中加入鲜花保鲜剂，可以使花色更持久，更鲜艳亮丽。

贝母 这种形态独特开着铃铛般花朵的植物，在盛花期的表现令人惊叹不已。作为我花园里相对较新的角色，这种令人震撼的球根非常快速地登上了我最喜欢的花园植物榜。我种过很多品种的贝母，但是植株高耸、开黑紫色花朵的波斯贝母是所有品种中最令人赞叹的。它的每根花茎都能长到1m高，上面开满几十朵黑紫色的花，宛如一串串倒挂的小铃铛。**瓶插保鲜技巧**：当一根花茎上有1/2~3/4的花朵绽放时采收。剪下后将其放入加有鲜花保鲜剂的水中，瓶插期可达一周。

贝母   葡萄风信子

夏雪片莲   银莲花

风信子

葡萄风信子 　将这些可爱的迷你宝贝采切下来制作成花束，真的感觉好奢侈。采收时，将花茎从底部快速用力向上拉，这样它会很容易地从基部球茎中向上弹出，采收到的花茎也会更长。我最喜欢的两个品种是'海洋魔力'和'凡勒瑞'。**瓶插保鲜技巧：**当花茎上有1/3的小花绽放时采收，放入加有鲜花保鲜剂的水中，瓶插期可达一周。

风信子 　到目前为止，风信子是我种过的在春季开花香味最浓郁的植物。这些令人陶醉的花朵颜色非常丰富，有黄色、蓝色、紫色、白色、洋红色等。可以单独制作成花束，也可与其他花材搭配在一起使用，展现它们美丽迷人的姿态。**瓶插保鲜技巧：**当花茎上有1/3或1/2的小花绽收时采收，瓶插期可达7~10天。

夏雪片莲'格拉维特巨人' 　如果这世上真有精灵存在，那么这些花朵肯定会成为他们的帽子。这个品种的植株每根30~45cm长的花茎上都长有一串精致的白色小铃铛般的花朵，在每片花瓣的顶端还有一个小小的绿色圆点，非常俏皮可爱。**瓶插保鲜技巧：**当花茎上有2/3的花朵绽放时采收，放入加有鲜花保鲜剂的水中，瓶插期可达7~10天。这种花的花茎会渗出一种清亮的汁液，应将它们放入冷水中浸泡几小时后，再与其他花材放在一起。

开 花 枝 条

每年春天，当花园中的大树呈现出华丽耀眼的美景时，我会尽可能多地驻足树下。对我来说，没有什么比站在繁花盛开的树冠下更令人目眩神迷了。开花灌木繁茂的枝条上花团锦簇，同样美得令人陶醉。凝视着缀满鲜花的树枝，沉浸在迷人美景之中，这是春天最放纵的乐事之一。

在搬到属于我们的这座小农场时，地里已经有几棵成年的乔木和灌木，它们成了重要的花材来源。随着时间的推移，我决定每年至少新种植一两排乔木。这些新种下的乔木需要经过一段时间才能长成，但是现在，我的农场里已经有几百棵乔木和灌木可供采切枝条了。种植这些乔木可谓一举两得——它们是一年中最早开花的植物，而且从夏天到秋天，不仅可以欣赏苍翠茂盛的绿叶，还可以享受硕果累累的丰收喜悦——从它们身上收获的东西远比我想象的多。所以，如果你有足够的空间，建议多种植一些开花乔木和灌木，数量可以超出你头脑中固有的计划。

种植方法

下面介绍的这些落叶乔木和灌木在大多数气候条件下，都能茁壮成长。尽量将它们种植在花园中土壤排水性良好、光照充足的地方，且确保留出足够的生长空间。我曾经犯过一个错误，就是将所有的植物栽种得太密集了，以至于随着它们不断长大，不得不进行移栽，因为它们待在一起实在太拥挤了。如果你选择直接从盆栽小苗开始种植乔木和灌木，那么最好的种植时间是秋季；如果打算栽种裸根小苗，则可以在冬季栽种。

喜爱的品种

一旦开始了解春季开花的乔木和灌木的相关知识，就会发现有很多品种可以选择。这些年来，每种植物我都尝试着种了一点，下面介绍的几种是比较容易栽种，而且产量最丰富的。

雪球荚蒾 这是我最喜欢的花灌木之一。每到春天，整株树上花朵绚丽绽放，花朵凋零后，苍翠繁茂的绿叶开始接棒，大量造型独特的枝条是用来制作花艺架构的好材料。雪球荚蒾株型高大，通常可以高达2.4~3m，所以要留有足够的空间以便它们旺盛生长。

樱花 樱花是花园中最耀眼的树木之一，缀满花朵的枝条在微风中轻轻摇曳。樱花可供选择的品种非常多，我最喜欢的品种是日本晚樱'关山'。这是一个重瓣的粉色品种，花朵非常漂亮，开花期比其他大多数品种都要晚。

海棠 几年前，我发现了海棠树的神奇之处。从那时起，我便在小农场里种了十几棵海棠树。在所有我种植并接触过的品种中，一个法国品种'珠穆朗玛'总是抢尽风头。它胖墩墩的粉色花蕾最后绽放出略带淡淡柑橘香味的重瓣乳白色大花。海棠，作为一种美丽迷人的春天开花乔木，抗病性好，而且从仲夏到晚秋，树枝上会结满像小苹果般大小的果实，将缀着果实的枝条插入花束中，效果简直棒极了。

山楂树 每年春天，美丽的山楂花绚丽绽放，满树繁花之景可以接连呈现几周。秋天，大量的深红色小山楂果覆盖满盘曲的树枝。不同品种的山楂树花色有所不同，如粉色、白色或红

62

特色植物

樱花

色。剪切山楂树的枝条时要小心，因为上面长有小刺。可以在花蕾尚未绽开或花朵刚刚开放时将花枝剪下。

欧洲荚蒾 欧洲荚蒾生长旺盛，适应性强，无须额外管理。其高耸的树枝被蓬松的圆形花朵覆盖得严严实实，看上去像是一堆雪球。茂密繁多的花朵让它成了真正的赢家。

瓶插保鲜技巧

因为这些花枝均属于木质化枝条，所以需要经过一些额外的处理才能获得更持久的瓶插期。如果处理得当，瓶插期可达一周。应在清晨或傍晚天气凉爽时剪切枝条，剪下后立即将枝条底部1/3的叶片去除，然后用锋利的刀片，将木质茎枝末端沿垂直方向划开几厘米，随后将其放入凉水中浸泡几小时后再取出使用。可以在水中放入一些鲜花保鲜剂，以延长切枝的瓶插期。

鲜切花的四季绽放

山楂树

雪球荚蒾

海棠

欧洲荚蒾

特色植物

耐寒性一年生植物

————————

耐寒性一年生植物顽强地生长着，成为晚春和初夏切花花园中产花量最多的植物。它们能够经受住严寒的考验，无须过多的照料即可茁壮成长，一次播种可以持续一个多月产出大量鲜花，是切花花园中不可或缺的重要角色。

种植方式

早春，天气寒冷时，可以在室内或温室中进行播种。当幼苗长出三对真叶时，将它们定植至室外。这时室外的气温仍会有些寒凉，通常情况下定植的时间应为春季最后一个霜冻日的前一个月。这类一年生植物生命力非常顽强，可以抵御一定程度的严寒，所以即使仍在霜冻期内，也不需要采取任何专业的保护措施。如果在气候较温暖的地区，可以在秋天将它们直接定植在花园中，这样翌年早春就可以开花了。

为了延长鲜花的收获期，建议每种类型的植物都进行几次补种。通常我会在秋天播种一大批，然后早春再播种一次，接下来会隔几周后进行第三次或更多次的补播。采用这种种植方式，在三个月内便可以收获大量的叶材和填充花材。由于每一个地区的气候条件不同，所以需要对不同品种进行小规模的试种，找到最适应所处环境的耐寒性一年生植物，相信我，这些植物一定会成为你的最爱。

喜爱的品种

爱尔兰风铃草 这是可以种植得非常出色的一年生观叶植物，但是播种后会遇到一点棘手的情况，因为爱尔兰风铃草发芽非常慢。可以在播种前将种子冷冻7~10天，有助于发芽。一旦发芽，植株长得就非常快了，播种时应将株距控制在46cm。栽种爱尔兰风铃草时应架设种植网，这是必不可少的支撑措施。如果没有支撑物，一场大暴雨会在几分钟内将整片种植区夷为平地。**瓶插保鲜技巧**：一旦绿色铃铛般的花朵开始出现在长长的花茎上时就可以采收了。花茎置入花瓶后观赏期最长可达两周。

大阿米芹 大阿米芹是最实用、最高产的切花花园植物之一，可作为插花中的填充花材。栽种大阿米芹可以从播种开始。每年我都会种植几百棵，每棵植株上的每根花茎我都会采收下来。宛如蕾丝花边般的伞形花序由大量鲜嫩的绿—白色小花组成，是晚春和初夏时节非常珍贵的主力花材。大阿米芹植株高大，栽种时株距应保持在46cm，并尽早设置好支撑物，以免春季遭遇大雨发生倒伏。由于成年植株体积巨大，所以建议采用种植网支撑的方式，可将种植网直接固定于牢固结实的立柱上。**瓶插保鲜技巧**：大阿米芹会分泌一种令人讨厌的刺激性汁液，建议在采收时戴上手套并穿上长袖。当一根花茎上80%的小花开放时进行采收。如果过早采收，花茎比较容易萎蔫。大阿米芹切花放入加有鲜花保鲜剂的水中，瓶插期可达6~8天。

蜜蜡花 蜜蜡花一根花茎上盛开的花朵可以同时呈现出银色、蓝色、紫色、绿色，奇妙无比。它的种植较容易，数周内可以产出大量的花茎。为了延长收获时间，可以从早春至初夏每隔

黑种草   滨藜   爱尔兰风铃草

飞燕草　　　　　　　　　大阿米芹　　　　　　　　　蜜蜡花

三周补播一次。**瓶插保鲜技巧**：确保在一天中最凉爽的时候采收。花茎剪切下来后正确的处理方法是将枝条末端浸入5~7cm深的沸水中7~10s，然后取出放入加有鲜花保鲜剂的冷水中。蜜蜡花的花茎剪下来后很快会软蔫，一旦重新吸收水分后，又会立刻直立起来，瓶插期能够达到7~10天。

飞燕草 飞燕草栽种容易，花色丰富，如雨后彩虹般五颜六色，花朵可晒干后使用。最佳的种植方法是直接在花园里播种。飞燕草的耐寒性极佳，所以即使在秋天天气非常寒冷的情况下也可以栽种。为了能够持续采收到鲜花，可以在秋季将种子播下，然后翌年春季待土壤已经解冻可以播种后，每隔三四周补播一次，直到春季最后一次霜冻结束。飞燕草的种子不易发芽，通常的做法是在播种前将种子放入冰箱中冷藏一周再播种，这样就会很快发芽了。**瓶插保鲜技巧**：当花茎上有1/3的花朵绽开时采收，瓶插期最长。加入鲜花保鲜剂后，在花瓶中存活一周是没什么问题的。如果想制作成干花，可以等到除了花茎顶端的三四朵花尚未开放，其余花朵都绽放时再剪下。采收后将花茎悬挂在温暖、干燥的地方，避免强光照射，两周即可做成干花。

黑种草 这种植物看起来有些柔弱，但实际上它是早春开花的植物中最强壮的品种之一。黑种草带有蕾丝花边的星形花朵十分独特，花色为蓝色、紫红色和白色的混合色。花朵凋谢后结果，果皮颜色有绿色、巧克力色，甚至还有的果皮带有斑纹，亦具观赏性。黑种草不耐移植，所以应直接在花园中播种。**瓶插保鲜技巧**：最好在花朵完全绽放，且花瓣脱落之前将花茎剪下，否则会很快枯萎。黑种草的瓶插期一般为一周。无论是新鲜还是干燥后的挂果花茎均可以用于花束制作，干燥后的花茎几乎可以无限期地使用。如果打算制作挂果干花，可以等到花茎上的所有花瓣都脱落后再采收。将新采收下的茎枝倒挂在温暖、阴暗的地方2~3周，或者用手触摸后感到茎枝硬实即可制成干花。干燥后的茎枝在使用时要轻拿轻放，因为果实比较容易脱落。

滨藜 几年前，我在朋友的菜地里发现了这种神奇的植物，从那时起，我就成了滨藜的超级粉丝。早春，滨藜叶片繁茂的枝条可以大量采收，作为花束制作时的配叶使用。接下来如果植株继续生长，会在仲夏再次"回报"你。那绚丽多彩挂满果实的枝条，用于花束中同样十分精彩。**瓶插保鲜技巧**：作为叶材使用时，将剪切下来的枝条末端浸入沸水中10~15s，可以延长观赏期。如果采收下挂果的枝条，则不需要进行任何特殊的采后处理。无论作为叶材使用，还是观果枝条，滨藜的瓶插寿命均可达两周。

鲜切花的四季绽放

冰岛虞美人

千万不要将冰岛虞美人和罂粟混淆。冰岛虞美人的花朵会散发出独特的柑橘香味，如薄纸般的花瓣色彩鲜艳亮丽，花量繁多，花期漫长，从早春可以一直延续至仲夏，这些出色的特性使它成为切花花园中备受推崇的品种。

从特性上讲，冰岛虞美人属于耐寒性多年生植物，即使在最寒冷的冬天也能存活下来，但是因为遇高温天气时表现不佳，所以通常作为一年生或二年生植物来栽种。

种植方式

在我的花园里，通常会在秋季第一次霜冻日前的一个月，将一大批冰岛虞美人幼苗栽种到地里，然后翌年春天再种下另一批幼苗。这种种植方式可以保证从早春到夏末不间断地采收到鲜花。

栽种这种特殊的花卉植物从播种开始就需要加倍小心，因为发芽会非常缓慢。深冬时节，将穴盘填满育苗基质后，我会在每一个穴孔里种上几粒种子，仔细观察，直到它们发芽。

冰岛虞美人的种子实在太小了，看起来更像是一粒尘土，而不是真正的种子，以至于播种后只需要用一层非常细的蛭石或沙子来覆盖。种子种下后的前几周，应采用底部吸水的方式浇水，做法是将育苗穴盘放入大约1cm深的水中，让水分从穴孔底部的出水孔中吸入，从而达到湿润基质

的目的。与从顶部喷雾浇水的方式相比，采用底部吸水的方式不用担心不小心将穴盘里细小的种子冲走。当植株长出叶片后，要注意及时浇水，不要让基质干透，大约每隔一天浇一次水，可以采用洒水壶轻轻喷洒的方式。播完种的育苗穴盘应放置在加热垫上，保持温度在21℃，直到种子开始萌芽，小苗长出至少2对真叶，就可以将加热垫撤走，随后将育苗盘放置在温暖明亮的室内大约两个月，直到幼苗长到大约2.5cm高时，再将其定植到花园中。

蛞蝓和蜗牛非常喜欢冰岛虞美人。如果居住的地方这两种虫害多发，将冰岛虞美人定植后，应立即施用蛞蝓诱饵毒杀，而且要在整个生长季节重复施用。定期监测以确定植株是否遭受病虫害侵袭。

新定植到花园中的冰岛虞美人6周后会开始出现花苞，所以越早种植，就会越早有所收获。一旦这些花苞开始陆续绽放，采收这些可爱的"美人"将会成为一项全职工作。我每天都要将栽种虞美人的区域仔细梳理一番，以便在适宜的时机将它们采收下来。采收冰岛虞美人的最佳时机是当花蕾刚开始绽开的时候。一旦花朵完全绽放，极易受到损伤，例如遇到糟糕天气，或是采摘捆扎操作不太小心都会损伤花朵。

"科里布里"系列

喜爱的品种

  这么多年来我种植过的冰岛虞美人品种多达几十个，到目前为止，"香槟泡沫"系列的表现远远好于其他品种。这个系列有五种颜色——白色、橙色、粉色、黄色和绯红色，也有混色供应。"科里布里"系列也是我喜爱的品系。它的花茎结实、粗壮，花朵硕大，花色鲜艳明快，充满活力。这个系列的种子通常都是经过预处理的，所以比大多数其他品种更容易发芽。

瓶插保鲜技巧

  为了使冰岛虞美人鲜切花的瓶插期更长，可用明火灼烧花茎末端或用沸水浸泡花茎末端7~10s。采收后应立即按此方法处理，然后将处理过的花茎放入新鲜淡水中。这样可以期待至少有足足一周的时间欣赏这些美丽迷人的鲜花。

丁　香

丁香，对我们家族来说是一种令人伤感的花。妈妈和特丽（Terri）阿姨过去常常告诉我，从她们可以坐在父亲的敞篷皮卡车方向盘后面起，每年春天都会去"偷"丁香花。在她们度过童年时期的乡下，每一处院落和教堂的花园中都栽种有丁香。天黑以后，两姐妹便会驾驶着皮卡车缓慢地穿过附近街区的大街小巷。她们一人开车，一人跟在车后，拿着修枝剪偷偷地将丁香花枝剪下，直到整个皮卡车后面都装满，才会"收工"。我仿佛仍然能够听到她们一边发出咯咯的笑声，一边讲述愤怒的狗和受惊的邻居们的故事，以及如何在晚上偷偷用鲜花将母亲的房间填满。最后，她们总是将声音压低，用一种一本正经的语调轻声说道："偷来的丁香总是闻起来最香的！"

虽然每年春天丁香花只能开上几周，但是那似波涛般摇曳起伏的花枝在爱花者心中却是挥之不去的爱。丁香种植容易，耐干旱，不同品种的耐寒性不同，有的品种甚至可以抵抗-40℃的低温。在一些地区，伴随着春天的到来，丁香自由自在地尽情生长着——庭前屋后、高速公路旁，随处可见丁香的身影。

种植方法

丁香应在秋天种植，种植后在植株根部区域覆上一层厚厚的覆盖物，防止杂草生长，而且在天气干燥时有助于保持土壤中的水分。丁香的生长速度很慢，通常需要三四年的时间才能开花。但我保证，这种等待绝对是值得的，要知道它能存活几十年。一旦拥有了一株能够带给人幸福和快乐的淡紫色灌木，每年春天都会回馈给你一大捧芳香四溢的花枝。

丁香的开花期转瞬即逝，所以应在花期旺盛时抓住时机，尽可能多地采收花枝。与其他木本灌木不同的是，丁香在夏天的时候会形成下一年的花芽，所以在开花之后，对植株进行任何修剪或塑形的操作都要适宜得当，避免影响来年植株开花。

喜爱的品种

丁香家族有很多种类，法国栽培种欧丁香（*Syringa vulgaris*，又名紫丁香）颜色丰富，香味浓郁，有单瓣和重瓣品种。对于气候寒冷地区的种植者来说，这个品系非常不错，因为它耐寒性好，可以抵抗晚期霜冻。

'宣言'　每年春天，一簇簇略带红色的紫色花朵，馥郁芬芳，美得令人窒息。

'凯瑟琳'　这个品种拥有迷人的重瓣淡粉色花朵，插在花瓶中姿态优美、清香四溢。

'莫斯加'　这个重瓣小花品种拥有淡淡的玫瑰粉色花蕾，花朵完全绽放后呈纯白色。

'斯太曼'　这个品种在荷兰非常流行，白色单瓣小花散发着淡雅的清香。

'米歇尔'　这个重瓣、花色为蓝紫色的品种，抗病性非常好。

'扬基歌'　这是一个深紫色的品种，单瓣小花组成大圆锥花序挂满枝头。

特色植物

瓶插保鲜技巧

众所周知，剪切下来的丁香花枝条重新吸水比较困难，多年来我尝试了很多技巧，防止它们的花头失水萎蔫。下面介绍的这些做法被证明是最有效的，能保证丁香花枝条获得最长的瓶插期。

- 在清晨或傍晚，天气凉爽时采收花枝。采收之前，准备好几个大水桶，每个桶里装入1/3的新鲜冷水。

- 丁香花枝条剪下后上面未开的小花苞就很难再绽开了，所以应该选择有1/3~1/2的花苞已经绽放的枝条剪下。需要注意的是，如果枝条上的小花已经完全打开了，瓶插期会短到只有几天。

- 剪下花枝后应迅速放在凉爽的地方。去掉枝条上的大部分叶片，避免耗费水分。

- 用大的修枝剪将枝条末端竖向划开，切口长度5~8cm，然后捏住切口的一端，向后弯曲。将剪切好的枝条迅速放入事先准备好的冷水中。

- 将盛满丁香花枝条的水桶放在凉爽、阴暗处，以便让枝条调理几小时补充水分。一旦枝条完全吸收水分后，就可以取出来使用了。

特色植物

'宣言'

'斯太曼'

'米歇尔'

'莫斯加'

'凯瑟琳'

'扬基歌'

牡丹和芍药

———————

很少有花能和被喻为"春天终极女王"的牡丹、芍药争奇斗艳。它们硕大的花朵，带着漂亮褶皱的波浪般花瓣，粉色、白色、黄色、红色，汇聚成一片令人眼花缭乱的花海。很多品种的牡丹、芍药都带有甜蜜的芳香气味，而且瓶插期非常长。

牡丹、芍药深受大众喜爱，而且作为切花花材出类拔萃。它们同属毛茛科芍药属，但为两个不同的种。芍药是多年生草本植物，而牡丹是多年生木本植物。它们都非常容易种植，几乎所有气候条件下都能茁壮成长，如果加以适当的照顾，甚至可以活到100年以上。早春时节，植株会萌发新叶，花苞也会随着新季节的出现而孕育生长。晚秋时节，植株的叶片会脱落。新栽种的牡丹、芍药最好等两三年再采收花枝，否则会影响植株以后的长势。

种植方法

一旦定植成功，牡丹、芍药会连续多年呈现出繁花盛开的美景。可以在春天买来几盆盆栽试种，但最好的方式是在秋季将新挖出的处于休眠期的裸根苗直接种下，这样它们就可以在冬天来临之前生根并开始生长。

牡丹、芍药喜欢全日照、阳光充足的地方，应该保证它们白天接受到至少6小时不间断的明亮光照。大多数类型的土壤都可以栽种，但是积水会给植株生长带来问题，所以一定要保证种植区域具有良好的排水性。

栽种前，可用大量腐熟的有机肥或堆肥，以及富含磷肥的肥料，如骨粉，改良种植土壤。栽植穴的大小一般为种球宽度的2~3倍。株距宜为1m左右。要特别注意种植深度——如果种球埋得太深，不利于开花，应将种球刚好置于土壤表层之下。

春天，在叶片开始萌发之前，可在土壤表面撒少量的骨粉和一层薄薄的堆肥（大约5cm厚），为植株提供营养，以利于其生发新枝，茁壮生长。

重瓣品种需要额外增加支撑物，因为它们巨大的花朵实在太重了，必须要有支撑物来支撑花头。春季如果遇到大雨，几分钟内植株就会发生倒伏，所以一定要尽早设置好支撑物。

如有必要，可以在秋季将已经因拥挤而导致长势不好的成年植株分开（一般这种情况会在栽种后8~10年发生）。待植株叶片衰败脱落后，用长柄草耙弄松根部区域的土壤，然后取出植株。取出后，轻轻地将根部的污泥清洗干净，这样它们的芽眼（红色鼓起的小芽苞，来年会长成开花茎枝）就会露出来，然后用一把锋利的刀将根分开。确保分开后的每块根上面至少带3个芽眼，然后选择花园中的其他地方重新栽种。

牡丹、芍药最大的病害是灰霉病，这是春季潮湿天气下最常见的病害。保持适当的株距以及良好的透气性，有助于预防病害的发生。春季应加强对植株的监测，一旦发现有染病的迹象（包括叶片变黑或看起来像是被烧伤等现象），立即清除被感染的叶片。灰霉病传播得非常快，一定要确保将被感染的叶片扔进垃圾桶，而没有用来制作堆肥。

'公爵夫人'

喜爱的品种

牡丹、芍药花色柔和多彩，宛如迷人的彩虹一般。硕大的花朵，有皱边重瓣的，也有穗边单瓣的，还有一些品种的花形介于这两者之间。

'美人碗' 这是一个非常特别的品种，蓬松的奶油色花芯四周围绕着淡粉红色的花瓣。

'珊瑚魅力' 这个富有活力、花头硕大的品种仿佛营造出一片温暖的桃色珊瑚花海。随着花朵逐渐绽放，花色会褪去。因为这个品种的花头实在太大了，所以要尽早设置好支撑物。

'公爵夫人' 这个花色呈奶白色，带有浓郁芬芳的重瓣品种，硕大的半球形花朵完全绽放后，中间花瓣闪耀着柔和且深浅不一的黄色光芒。这是我最喜欢的一个白色芍药品种。

'树莓圣代' 这个花量超大的品种，最外层奶油色的花瓣舒展开呈杯状，中心由粉色的多褶皱花瓣组成，整个花朵硕大无比。对我来说，

它看起来好似一大勺滴着树莓果酱的香草冰激凌。这是一个非常出色的切花品种，散发出柔和淡雅的甜香。

瓶插保鲜技巧

牡丹、芍药的瓶插期通常为一周以上。可以根据自己的喜好在花朵盛开的任何阶段采收，但是为了获得更长的瓶插期，建议在花蕾尚未绽开时采收。我采摘鲜花的标准是——"软软的棉花糖"。清晨，我会在种植区内仔细检查每一株植物，用手轻轻捏一下花苞，看是否像海绵般松软。如果花蕾仍然很硬，我会让它们再成熟一些；捏上去很柔软，就像棉花糖一样，我就会采摘下来。在剪切花茎的时候，一定要注意茎干上至少要保留两对叶片，这样植株才能继续生长，并为越夏储存养分。

剪切下来的花茎可以储存起来供以后使

'珊瑚魅力'

'美人碗'

'树莓圣代'

特色植物

用。将它们放在冰箱里可以保存两三周。储存时，应把花茎上几乎所有的叶片都去除，将它们捆扎在一起，然后塞进一个塑料袋里，可在袋子里面放一些纸巾用来吸收多余的水分。将塑料袋平放在冰箱内的产品存储架上，每隔几天检查一次，看是否有发霉的迹象，并扔掉已经开始腐烂的花茎。在剔除状态不佳的花茎时，有些花苞会看起来有些软蔫，但是不必担心，将花茎末端重新剪切一下，然后立即放入加有鲜花保鲜剂的温水中，花蕾将在24小时内打开，绽放的花朵可以在花瓶中观赏一周。

花 毛 茛

如果每年春天必须选择一种植物种在温室中，我会毫不迟疑地选择花毛茛。这种植物有许多令人赞叹不已的优秀品质——长长的花茎，重瓣带褶皱的花朵，淡淡的柑橘玫瑰香味，花量大，花色丰富……你不得不为这种魅力十足的植物而倾倒。

种植方式

与本书中介绍的其他植物不同，花毛茛实际上非常娇弱，但在最低温度为-12 ~ -6℃的地区，它们可以在秋天种植在室外，且只需最低限度的保护即可越冬。

如果你居住在一个非常寒冷的地区，且那里的温度会在很长一段时间内低于冰点，那么可以在初春将花毛茛种植在温室或低矮的拱棚中。一旦确定室外地面不会发生冰冻——通常是在春天最后一个霜冻日的前一个月，可以将植株定植在室外。与秋季直接栽种到室外相比，这种情况下的产花量会少一些，但仍然会有不错的收成。

为了能够挑选到最好的品种，要在夏末就订购种球，这样秋天就可以收到种球了。挑选种球时，尽可能挑选个头大的，直径5~7cm的最佳，种球越大产量就越多，而且开出来的花朵个头也大。个头大的种球在一个生产周期内可产出10~12枝花，而个头小的，例如直径3~4cm的种球，只能产出5~7枝花。

栽种花毛茛时，应将种球浸泡在与室温相同的水中3~4小时。浸泡过程中，种球会渐渐变得饱满。浸泡后，就可以直接将种球栽种到地里了，也可以做催芽处理。与未做催芽处理的种球相比，做过催芽处理的种球栽种到地里后可以提早

三四周开花，但也可以跳过这个前期准备程序，同样能获得令人满意的产花量。

催芽的方法是，取一个平底的育苗盘装上一半湿润的盆栽种植基质。将浸泡过的种球散播在基质上，然后用基质将它们完全覆盖。将育苗盘放在一个凉爽的地方——温度为10~12℃，放置10~14天。每周检查一次，确保育苗盘中的基质湿润但不要有积水，一旦有种球出现腐烂或发霉的迹象，及时清除。在这段时间里，种球会膨胀到原来大小的两倍，并长出白色像毛发般细小的根。一旦这些根长到1cm长（可以将种球取出来检查），就可以将种球栽种到地里了，种植深度为2.5cm，按间距20cm的方式成排种植。

通常情况下，花毛茛在栽种后90天开始开花。秋末种下的植株会在早春开花，花期可持续6~7周。但用作切花作物种植时，最好将它们作为一年生植物，每年都栽种新的种球，以保证出花量。

喜爱的品种

我栽种花毛茛"拉贝尔"系列取得了最大的成功。这个系列我最喜欢的花色是鲑红色、香槟色、橙色、粉红色镶边，以及浅色系混合色。

瓶插保鲜技巧

花毛茛的瓶插期真的是太出色了，一般情况下会超过10天。当花苞已经露色，并且像棉花糖般湿软、尚未完全打开时，将花茎切下，这时瓶插寿命一般能达到10~12天。如果当花朵完全绽放时再切下，仍然可以保证一周的瓶插期，但是在运输过程中花茎会更加脆弱。

89

香豌豆

当我还是小女孩的时候，夏天基本上是在乡下度过的。我经常去看望曾祖父母，其中一项工作就是要将鲜花带到曾祖母的床头柜上。在她的花园里，有很多漂亮、可爱的鲜花，但我印象最深的是那些缠绕在一起攀爬在车库门柱上五彩缤纷的香豌豆。当我和丈夫买了我们的第一套房子时，种植的第一种植物就是香豌豆，就在花园的正中央，栽种了一大棚。那年春天，当第一批香豌豆花开放的时候，芬芳的气味将我带回了少女时期的夏天，脑海中回忆起在曾祖母的花园里采摘鲜花的那段快乐时光。直到现在，我已经栽种香豌豆十多年了，每年春天，当它们又一次爬满棚架时，仍然感觉好像再次见到亲爱的老朋友一样。

种植方式

根据香豌豆的开花时间，可将其划分为三种主要的类型。根据你所在地区的气候条件以及期望的采收期，可以从以下三种类型中选择。

冬季开花品种： "冬季优雅"系列和"冬季阳光"系列，是所有品种中开花最早的。种植这个品种的关键是需要保证它们白天能够接收大约10小时的光照，而且需要做防霜冻保护。如果秋天将它们种下，在美国南部气候较温暖的地区，例如得克萨斯州和加利福尼亚州，会在隆冬时节开花，或者在其他冬季气候温和舒适的地区，例如南非、澳大利亚，以及日本气候温暖的地区，也可以在这个时节开花。对于那些冬季缺少阳光，或者气候较寒冷的地区，可以将它们种植在温室大棚中。它们可以在温室中苗壮成长，然后在早春时节开花。

春季开花品种： 这类主要包括在春季中期开花的大花品种，例如"猛犸象"系列和"春光"系列。在白天光照达到11小时的情况下它们开始开花，大约会比冬季开花品种晚两周进入花期。

夏季开花品种： 这类品种包括"斯宾塞"系列。当白天光照达到大约12小时的时候，它们开始进入花期。这是迄今为止世界上最受欢迎的香豌豆品种。"斯宾塞"系列耐热性好，能够长出茂盛的长枝条，花色五彩缤纷令人眼花缭乱。一般情况下在所有品种中这个系列是最易种植的，尤其对新手来说，堪称是一个完美的品种。

在冬季气候温和的地区，秋天种下香豌豆。其他地区可以在冬末或早春开始播种。播种前将种子浸泡24小时。这种处理可以软化种皮，加快发芽速度，从而让发芽过程缩短几天。香豌豆在生长初期就会长出大量的根，所以在生长的早期阶段，给它们的生长空间越大，从长远来看，它们的长势就会越好。通常我会使用宽度和深度均为10cm的育苗盆，每盆播下2粒种子。

在等待种子发芽的同时，可开始准备种植苗床。香豌豆需要一点额外的呵护才能长势旺盛，花量丰富。除了按照"土壤管理及种植"一章中介绍的方法准备标准栽培基质，我还在苗床的中心挖了一条深30cm的沟，将堆肥或腐熟的有机肥填入沟中，这样，一旦香豌豆的根深深地扎入苗床后，就可以在下面享受事先为它们准备好的这份"盛宴"了。然后，我将一排棚架立柱（木头或金属柱子均可）牢牢地打入地下，两根立柱之间大约相隔2.4m，并附加1.8m高的金属栅栏（如铁丝网），以供香豌豆攀爬。最后，沿着种下的幼苗，在其旁边铺设滴灌带，因为香豌豆非常喜欢水。如果没有滴灌

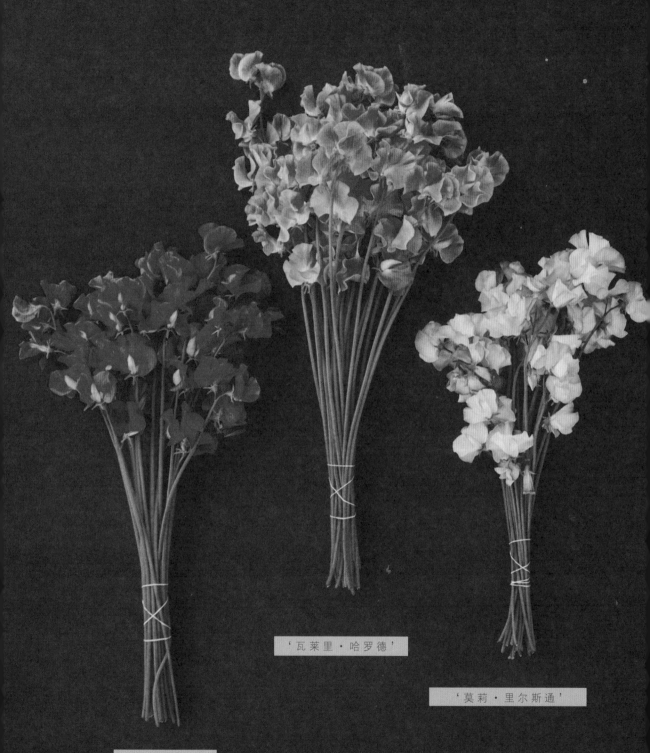

'瓦莱里·哈罗德'

'莫莉·里尔斯通'

'里斯托默尔'

'吉莉'

'查理的天使'

'灵气'

带，那么在温暖的天气条件下，保证幼苗不会"口渴"将成为你的全职工作。

可以大约在春季最后一个霜冻日时，定植香豌豆幼苗。我将它们种成两排，在棚架支柱两侧各种一排，两排之间相距大约20cm。前6周，我会每周施用一次液体鱼蛋白肥和海藻肥。一旦枝条长势旺盛，就停止施用。将枝条绑在栅栏上，这对确保枝条挺拔生长非常重要，所以每星期我都要检查一遍种植区，及时将枝条用细绳固定在栅栏上。一旦枝条开始生长，每周的生长长度都有望超过30cm，所以一定要随着枝条的生长及时将其顶端固定在栅栏上。

喜爱的品种

多年来，我尝试种植和测试了近百种香豌豆，包括从祖母那里传下来的品种和一些杂交品种。虽然这些品种都非常美丽，但有一小部分我一直无法养活。在我的花园里栽种的都是"斯宾塞"系列，从春末到仲夏，它们的花会一直连绵不断地开放。

'查理的天使' 这个拥有淡蓝紫色花朵的品种，花量巨大，是在英国最受欢迎的品种之一，长期在英式花园中占有一席之地。

'吉莉' 这个品种荣获过许多奖项，花色为惹人喜欢的奶油色。

'莫莉·里尔斯通' 这个品种最出色之处是它的花色。奶油色加裸粉色的花朵散发出浓郁的果香，花茎又长又高。

'灵气' 这可能是我种植过的最与众不同的品种。深灰色带有深紫色条纹的花朵，成了每一位花园访客的关注对象。

'里斯托默尔' 这个大花品种带有亮丽的红色花瓣，且香味浓郁，不禁让人驻足欣赏。非常适合用作切花。

'瓦莱里·哈罗德' 这是一个充满活力、生长旺盛，散发着芬芳清香的品种。它的花瓣呈现出绝妙的橙粉色，亮丽鲜艳，颇有点像未成熟的西瓜。

瓶插保鲜技巧

一旦香豌豆开始开花，想要保持同步采收可能会很棘手。我通常会每隔一天检查一次，以便在花朵绽放的初期及时采收。为了保证获得最佳的瓶插期，应挑选顶端至少有两朵未绽放小花的花茎采收下来。当然如果一根花茎上的小花朵几乎都开了将它们剪下也可以，只是瓶插期不会太长。香豌豆通常瓶插期为四五天，属于瓶插期较短的品种。在水中加入糖或鲜花保鲜剂可延长瓶插期。

郁　金　香

我们的农场位于华盛顿州的斯卡吉特山谷（Skagit Valley），这里是美国最大的郁金香种球生产区之一。每年春天，当四周的田野迸发出绚烂的色彩时，一百多万名游客涌向这里，参加斯卡吉特山谷郁金香节。

我曾经参观过一个当地郁金香农场的大型展示花园，在那里我惊奇地发现，这个单一的植物家族中竟然有如此多不同的品种可以选择。那里的郁金香花色几乎包含了所有的颜色，甚至黑色。有的品种花茎短而粗壮，有的品种花茎又高又细。有的品种花瓣为羽毛般的流苏形，有的品种花瓣顶端渐尖，还有的品种花形饱满、花瓣为完全皱边，以至于常被误认为是牡丹花。另外，还有一些郁金香品种散发出柔和淡雅的清香。

拥有如此多奇妙精彩、超乎寻常的特质，难怪郁金香能够成为最受欢迎的鲜切花之一。在17世纪中叶，荷兰人曾为之疯狂。据报道，曾有一段时间，单个郁金香种球的售价竟然高达普通人平均薪水的10倍以上。虽然这种狂热没有持续太长时间，但自那以后，郁金香一直深受人们喜爱。

种植方法

郁金香是最容易种植的春季球根花卉之一，也是春季切花花园中的骨干力量。它们需要经历至少6周的寒冷天气才能正常开花，所以如果所在地区冬天温度不能降到0℃以下，就需要选择经过预处理的种球。郁金香在大多数类型的基质中都能很好地生长，只要排水性良好——积水严重的生长环境会导致种球腐烂。秋季种植时应保证植株获得充足的阳光，种植深度为种球高度的3倍。因为我们采用的是密集种植的方式，所以我将种球一个挨一个地放置在种植槽里，就像将鸡蛋放在纸箱里一样。这样不仅可以促进植株茎枝的伸展，也能促使植株在狭小的空间里长出更多的花茎。

喜爱的品种

这些年来，我栽种了近百种郁金香，虽然它们都很漂亮，但我最喜爱的还是以下几种。它们不仅在花园里表现优异，而且作为鲜切花在花瓶中同样展现出了非凡的魅力。

'亮红鹦鹉'　这是我见过的最引人注目的鹦鹉郁金香。"鹦鹉郁金香"是郁金香的一个系列，花瓣色彩十分华丽，形似羽毛般卷曲或呈波浪般弯曲。这个品种的花色是像番茄汤般的红色，花茎粗壮，花朵数量多，完全绽放后花朵硕大。

'可爱美人'　这是我最喜爱的一个郁金香品种。褶边重瓣，花色为黄色，花朵完全绽开后极像月季或牡丹。

'伦琴教授'　这是我种植过的株型最大的鹦鹉郁金香。它的花茎非常粗壮、高大，手掌般大小的橙色花朵立于花茎顶端，精彩至极。带有绿色条纹的橘色花瓣环绕着一个可爱的黄色小花喉。

'洛可可'　这个屡获殊荣的品种花瓣十分独特——鲜红色中夹杂着深紫色，并带有绿色的羽毛状花边。

'黄绣球'　这是一个超多褶皱的品种，颜色非常特别。花朵上醒目的黑色斑点状花喉与黄色花瓣完美地搭配在一起。

'可爱美人'

'洛可可'

'黄绣球'

'伦琴教授'

'亮红鹦鹉'

瓶插保鲜技巧

　　郁金香是一种自然花期非常持久的鲜切花。从花店购买的鲜切花通常能持续观赏四五天，而自家花园种植的采切下来后，放置在花瓶中观赏期轻松可达一周半。为了从内因上确保郁金香鲜花采收后观赏期最长，应在花朵尚未绽开，即花苞最外层花瓣略微有点显色时采收。因为郁金香在采收后易出现花茎弯折和弯曲的问题，所以采收后应用纸将花茎上端2/3处包裹起来，即将纸折成漏斗状包裹好花茎上部，然后将它们直立放入水中几小时。一旦花茎充分吸收水分，就会直立起来。记住，新采收下来的花茎一旦放入水中后，茎干会在前几日内伸长，所以如果用它们制作花束或插花作品时，应将这个拉伸长度预留出来，将其放置得比设计的最终位置要低矮一些。鲜花保鲜剂有助于延长郁金香的瓶插寿命，而且可以使花瓣保持活力，让花朵色彩更鲜艳。

一

花艺设计

一

紫色的激励

用花枝和亮丽的绿叶创作一件魅力四射的作品，是迎接繁花盛开的春天的最好方式。在短暂的丁香花盛开季，必须抓住一切机会，将它那令人陶醉的花枝融入日常生活。无论是在床头柜上摆放几小枝，还是在客厅摆上一大束，都能让整个空间连续几天弥漫着丁香花沁人的芬芳。让生活充满花香的唯一原则，就是尽可能多地将鲜花带入室内。

丁香花如此绚烂多彩，让人赞叹不已。我喜欢在设计花艺作品时突出它们独特的魅力和高挑的身姿，同时强调其动人的色彩。在这个花束中，我将黄绿色的欧洲荚蒾与深紫色和黑色的郁金香搭配在一起，再插入深紫色的铁筷子和黑色的波斯贝母，一件耀眼夺目的作品跃然眼前。

材料清单

1个中等大小的法式花桶

修枝剪

8~10枝欧洲荚蒾

6枝深紫色丁香花

8枝淡紫色或蓝色丁香花

12~15枝鹦鹉郁金香（黑色、深紫色），重瓣郁金香

10枝深紫色铁筷子

3枝波斯贝母

❶制作花束之前，在花桶中放入冷
水和鲜花保鲜剂。将欧洲荚蒾放入
花桶中，尽可能地分布均匀。这个
步骤是为了搭建花束的整体架构和
轮廓。

❷将由绿色枝条构筑的架构搭好
后，插入丁香花。从深色花朵的枝
条开始，将整体布局中较大的空间
都用其填满。

❸加入淡紫色或蓝色的丁香花枝
条，将它们紧贴深色的丁香花放
置。

❹将黑色和深紫色的郁金香插入，
为作品添加更深邃的色彩。为了防
止这些体型较小的花朵淹没在这片
巨大的花海中，将它们分成3组，
均匀地分布在整个作品中。

❺在绿叶和花朵之间插入深紫色的
铁筷子，最后将黑色的波斯贝母插
入，整个花束就制作完成了。相信
这些别具一格的植材定会让这件作
品魅力四射。

春季花冠

没有什么比一顶用鲜花制成的花冠更能让人置身于欢庆氛围之中了。这类花饰不再只出现在婚礼上，任何特别的场合都可以佩戴。

制作一个如此漂亮的花冠需要的材料无非就是几枝鲜花、若干绿叶，以及一些基本的花艺用品。一旦了解了制作它是多么容易的一件事，便会很想亲手为自己和朋友们制作这样一顶花冠。

材料清单

覆纸金属丝，60cm长

花艺专用金属丝或带线轴的金属丝，10段，每段15cm长

1卷花艺胶带

装饰丝带，1.8~2.4m长

2枝莢蒾枝条，拆分为8~10枝小花束

12枝葡萄风信子

9枝或10枝花毛茛

1枝风铃草，拆分为8枝小花束

8~10小枝飞燕草

❶用覆纸金属丝在头部佩戴花冠的地方围一圈，以确定花冠的直径。金属丝的两端应多留出几厘米的长度，以便连接固定花冠（可将一端做成圆环状）。花冠与头部大小匹配后，拉直金属丝，准备插放花材。

❷花头大而重的花朵需要额外的支撑，例如花毛茛，所以在将它们固定到花冠上之前，需要将其枝条一根一根地单独捆绑固定好，以增强稳定性。取一根花艺专用金属丝弯成发夹的形状，然后轻轻地穿过花头的中心，最后用花艺专用胶带将金属丝和花茎缠在一起。

❸将4~6枝花材固定在一起组成一个小花束。可选取前面列出的花材中绿色叶材和鲜花组合在一起。通常情况下，制作一个中等大小的花冠需要8~10束这样的小花束。如果想想制作一个更为精致的花冠，小花束娇小一些比较好；如果想制作一个丰满的花冠，那么小花束就要尽量做大一点。将每枝花的茎枝末端剪掉，茎枝长度只保留5~8cm。

105

❹用花艺专用胶带将小花束的茎枝缠在一起。从底部开始，绕着花茎一圈一圈向上缠，直到将茎枝完全覆盖。这种花艺专用胶带轻轻拉伸一下就会产生黏性，使用时要防止它们自身黏在一起。

❺下面就可以正式开始制作花冠了。取一束缠绕好的小花束用花艺专用胶带固定在金属丝上，缠绕几圈直到完全固定住。

❻将其余的小花束加入花冠中。放置时应和第一个小花束保持同一个方向，每一个小花束的花头部分应将前面一个小花束的茎枝部分遮盖住，直到整条金属丝全部被小花束覆盖。

❼所有的小花束都固定在金属丝上后，在金属丝末端扣环两边分别系上几条丝带。

❽将花冠放在头上，将金属丝笔直的末端穿过另一端的圆环，然后拧几圈，使两端连接固定。

❾如果花冠不需要立即佩戴，可以储存在冰箱的冷藏室中，至少可以保鲜两天。

浪漫蝴蝶花束

我最喜欢的一种颜色搭配是将水蜜桃色、珊瑚色、杏黄色、橘色和鲑红色混合在一起的暖色调配色。每年春天，当冰岛虞美人薄如纸片的花瓣从毛茸茸的花蕾中绽开，散发着柑橘香味的花毛茛开始在花园中登场时，我会情不自禁地将它们搭配在一起，制作出一个硕大、镶有美丽花边的浪漫花束。

为了中和一下暖色调，避免花束看起来过于甜腻，需要混入一些色彩饱和度高、颜色较深的叶材，以及一些更具视觉冲击力的明亮花材。深铜色的观赏李树的叶片，搭配成熟铁筷子的淡黄绿色种荚，让整个花艺作品看起来更均衡和谐。

材料清单

1个赤陶土花瓶，中等大小

修枝剪

6枝拱形、叶片深铜色的李树枝条

6枝含苞待放的山楂树花枝

6枝荚蒾花枝，去除叶片

8枝淡黄绿色铁筷子

20枝大花型桃红色、珊瑚色冰岛虞美人

15枝桃红色、淡黄色花毛茛

❶ 在制作花束之前，将花瓶装满水，并加入鲜花保鲜剂。将2枝拱形的李树枝条放在花瓶的右边，探出瓶外，然后再放2枝在花瓶的左边，向外倾斜，保持整体平衡。随后在花瓶的左后角放入2枝比之前几枝略长的李树枝条。这样摆放的目的是搭建一个偏离中心点的倒三角形架构，使整体作品为轻微不对称的形式，层次更加清晰。

❷ 沿着由李树枝条搭建的轮廓，交叉放入山楂树枝条、荚蒾枝条，将枝条向下弯曲呈拱形，尽量让其如瀑布般垂下。

❸ 用铁筷子将大的空隙填满。将弯曲弧度较好的枝条沿着花瓶四周插放，以突出作品整体的松散形态，强调自由性。

❹ 在已经插好的枝条中间穿插放置冰岛虞美人。放置时要注意冰岛虞美人花枝的自然形态，将曲线优美的花枝放在最外部边缘处，与李树枝条做成的架构相呼应。将一部分花枝的花头朝前，余下的花头朝向两侧，这样就可以全方位欣赏到冰岛虞美人独特的波浪状花瓣，而且能够一睹其花芯之芳容。

❺ 将花毛莨插放在冰岛虞美人中间，紧密地挨在一起。最后插完的效果就像是一大群五颜六色的蝴蝶在树枝上栖息。

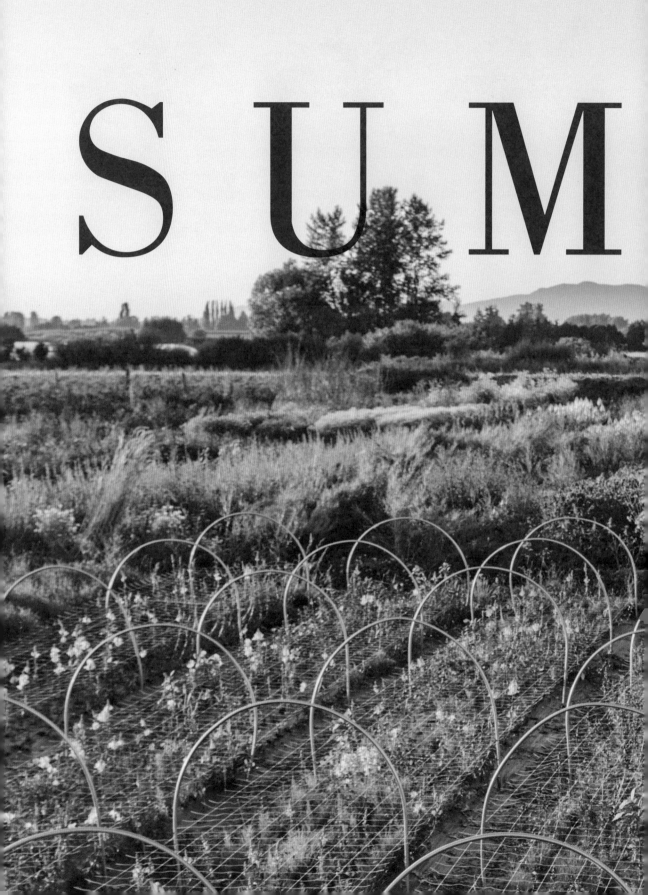

S U M

MER

夏　季

迎接繁茂的花园

夏季，农场里总是那么忙碌。黎明前，公鸡啼叫时我就起床了，白天几乎都在花园中劳作。温暖的天气以及很快变长的白天，将曾经不太需要额外管理的花田变成了花枝繁茂，并长满齐腰高的杂草的丛林。每周，我都感觉自己仿佛走进了一个崭新的花园，因为一切都在飞速生长中。向日葵一周可以长高30多厘米。藤蔓类植物爬上了为它们搭好的棚架，有的甚至越过了棚架。大丽花在短短几个月的时间里就从小小的棕色块茎长成了高大壮实的植物。

随着季节的变化，我的注意力从播种、种植转移到了除草、打桩以及监测病虫害，还有就是忙着收获一波接一波的鲜花。所有的冬季种植计划和春季准备工作都在这个季节得到回报，一切看上去都那么的繁茂美好。

这时，需要集中精力，努力掌控一切。但我并不会因此而抱怨，因为对我来说，没有什么比在鲜花盛开的花海里费力地穿行，看着起伏摇曳的鲜花更让人振奋、更有价值的了。

主要任务

种植夏季花卉植物

在本季节的第一段时期，应栽种不耐寒的夏季花卉植物，这是一项每周都要进行的工作。我种植了许多喜欢温暖天气的植物，包括罗勒、鸡冠花、千日红、百日草等。可从夏季的第一个月开始栽种，同时栽种一些超快速生长的植物，例如单头向日葵，播种之后60天就可以开花。整个盛夏都可以栽种这类向日葵，因为它们可以在秋季寒冷天气到来之前成熟。

播种二年生植物

这类产量丰富的春季开花植物需要整整一年的时间生长、开花。初夏播种（使用播种专用穴盘），然后在仲夏至夏末期间将幼苗定植到花园中，最晚的定植时间也应保证在第一次秋季霜冻来临前6～8周，这样在寒冷天气到来之前，它们才有充足的时间生长发育。

浇水

植物需要三样东西才能茁壮生长：阳光、土壤和水分。夏季，随着气温的升高，若采用手工方式浇水以保持花园水分充足将耗费较多的精力。即使需要照料的种植区面积很小，也可设置一些自动灌溉系统，例如铺设滴灌系统或灌溉软管，以节省时间（包括减轻焦虑感）。与顶部喷水的方式相比，滴灌系统可以节约25%的水，这种方式将水分集中灌溉在植株的根部区域，而不是直接洒在叶片上。天气炎热时，将水洒在叶片上，水分很容易蒸发，而且极易引发病害。

设置支撑物、棚架，绑扎植株

看看花园里幼小的植物，常常让我想起年幼的孩子，因为它们几乎一夜之间就能迅速长高几厘米。保持这种强劲的长势是极其重要的。一场大雨或一个大风天都会在几小时内让一片郁郁葱葱的花海变成一团东倒西歪的东西。在我的花园

里用了大量的花卉种植网，连同坚固的金属桩和大量的捆扎用麻绳，以支撑植株直立生长。

摘心

对于新手来说，掌握这项种植技术有些困难，因为这个操作需要掐断小苗的生长点，将花期推迟几周。这似乎有悖常理，但以我的经验来看，摘心（掐尖）会大大增加产量，而且植株可以反复开花，从而延长鲜花的采收期。当植株尚在幼苗期时，通常只有3~5对真叶，可在花芽孕育之前，用锋利的剪刀剪掉植株最顶端部分。这个操作可促进植株分枝，即从基部长出更多的茎枝。并不是所有品种都能从这种做法中获益，但是那些自然分枝生长的品种，如鸡冠花、波斯菊、大丽花、金鱼草、百日草等都需要进行摘心操作。我用大丽花做了摘心对比试验，发现经过摘心处理的植株长出的茎枝更长，且在相当长的一段时间内，产花量能够达到未经摘心处理的植株的两倍。

116

除草

这是我最不喜欢的工作之一，但也是最重要的一项工作。夏季，需要定期除草，否则，花园会一夜之间变得如丛林般混乱不堪。设法在杂草尚未长成且极易被清除时就铲除它们，否则会被这项繁重的工作困住好几个小时。在夏季的几个月里，我每天晚上都要花1小时用锄头轻轻地耕耘植株幼苗四周的土壤，这样杂草就会被控制住。

采收鲜花和去除残花

保持夏季作物处于巅峰状态是一项大工程。我每周至少巡视花园3次，力求在植株处于巅峰状态时采收鲜花，因为这样既能保证采收下的鲜花获得最长的瓶插寿命，同时又能确保花园高产。一旦植株开始有结籽的迹象，开花速度就会变慢，并最终停止。为了延长采收期，应将凋谢的花剪掉，任何

受损的茎枝或采收时遗漏未采下的花朵最好也都剪掉，这样可以促进植株长出新的花茎。

订购种球

在盛夏订购冬季和春季开花的植物种球让人感觉有些奇怪，但以往的经验告诉我应尽可能早地订购种球以确保拥有最好的选择。如果磨磨蹭蹭，也许会错过最喜欢的品种。夏季任何时候都可以订购多花水仙和朱顶红的种球，秋季便可采收。

订购耐寒性一年生植物的种子

一定要确保订购新鲜的植物种子，以便在秋季种植，例如飞燕草、黑种草、大阿米芹。

病虫害管理

走在花园里，发现珍爱的花被虫子咬了，或者娇嫩的叶片上出现了斑点或粉状薄膜，这些都是非常令人沮丧的事情。每个地区应对病虫害的方式都不同，建议在本地找到可以咨询的机构，例如植物园、苗圃或花园俱乐部。这些机构可以帮助你识别和处理本地园艺生产中常见的病虫害问题。

无论你的花园在哪里，下面这些关键的管理要领都有助于预防病虫害的发生。植物和人一样，在压力下容易生病。我发现如果花园中任何一部分长时间承受着压力，虫害和病害便会在不久之后出现。所以，一定要定期浇水、除草，定期检查虫害和病害。一旦发现病株，立即清除，并将它们丢入燃烧堆物或垃圾中，因为病菌孢子并不一定会在堆肥过程中死掉。及时发现害虫，有助于在问题失去控制之前迅速采取措施灭杀。

117

特色植物

波 斯 菊

波斯菊是切花花园的一年生植物中最高产的。它们是真正意义上的"随采随开型"植物，采收得越多，开得越多。单次种植就可以连续几个月采收这些轻盈、娇嫩得像雏菊一样的鲜花，一桶接一桶，让你大获丰收。可以纯粹用波斯菊做成花束，也可以将它们与其他花材搭配在一起制作花束。

种植方法

真的没有比波斯菊更容易种植的植物了。在春季最后一个霜冻日前4周开始播种，一旦霜冻期结束，就可以将小苗定植到花园了。注意不要过早播种，因为小苗会长得很快，在天气尚未转暖前小苗如果长得过大便不适宜在育苗穴盘中继续生长，而此时的天气状况也不适宜将其定植到花园中。

这些植物很快会长得非常茂盛，所以栽种时应预留出足够的生长空间，植株的间距可为30~46cm。定植后波斯菊会迅速生长，一定要在它们还未长成时，尽早做好支撑或架设好种植网。摘心处理对波斯菊也非常有效，这个操作对本来就很高产的植物来说能够更有力地促进其分枝生长。当植株长到30cm高时我就会进行摘心操作，将植株最上面的几对叶片摘除。为了延长波斯菊的开花期，在其结籽之前，要持续采收花茎并定期去掉枯萎的花朵。

喜爱的品种

通常，我会进行两次波斯菊的播种工作，每次间隔一个月。下面列出我最喜爱的一些品种。这些品种花形丰富，花量繁多，采收期可从夏季持续到秋季。

"双击"系列（混色） 这是一个非常独特的重瓣系列，花朵蓬松，搭配在花束中格外动人。除了混色，这个系列中也有纯色的品种，例如纯白色的'雪团'、褐红色的'小红莓'、水粉色的'玫瑰棒棒糖'、裸粉色的'双色粉红'。

"花衣吹笛手"系列 这个系列拥有贝壳形的花朵，花瓣带有凹槽，像笛子上的孔一样，故得此名。其中各品种花朵颜色有所不同，每种花色单独命名。'红色'是一种花色为漂亮深褐色的品种，'裸粉白'的花色则为柔和的奶油淡粉色。

'纯洁' 赏心悦目宛若雏菊般的花朵堪称完美，是纯白色的单花品种。

'鲁本扎' 这个品种是市面上能见到的颜色最深的一种波斯菊。随着花朵的成熟，花色从明亮的宝石红色变成深玫瑰红色，挑选这个品种栽种是一个大胆的选择。

"贝壳"系列（混色） 这个系列的花形非常特别，管状花瓣呈三维立体状，令人惊奇，且有很多不同的花色，如各种深浅的粉色和白色。

"凡尔赛"系列 这个早花系列的花朵形似雏菊，超级可爱，有白色、淡紫色、粉红色和紫红色。大约定植后两个月即可开花，是从播种到开花时间最短的品种，也是高产的多色品种之一。

瓶插保鲜技巧

波斯菊单独一朵花的瓶插期并不长，只有4~6天，但是每一根花茎上会有很多朵花，整根花茎上的花朵陆续绽放，观赏期可长达一周以上。当花蕾刚刚露色，尚未完全绽放时采收，可以阻止昆虫授粉，有助于延长瓶插期。瓶插时可在水中加入鲜花保鲜剂。

"凡尔赛"系列

"双击"系列

"花衣吹笛手"系列

鲜切花的四季绽放

'纯洁'

"贝壳"系列

'鲁本扎'

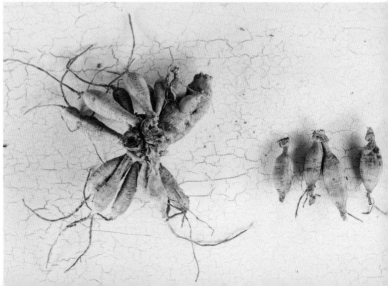

大 丽 花

经常有人问我最喜欢什么花，这个问题回答起来就像让我从自己的孩子中挑出一个最喜欢的。事实上，我永远无法真正挑选出一个自己最喜欢的，但是，在夏末，我通常更爱大丽花。多年来，我种植了450多个大丽花品种，现在我的农场里每年夏天都会种植3000~4000株大丽花用来生产切花。

大丽花非常容易栽种，花色五彩缤纷，花形丰富，有的看上去像雏菊、牡丹，甚至睡莲。无论是打理一座小型的切花花园，还是拥有一座大型的花卉农场，毫无疑问，你会将这个美丽迷人的通用型高产植物收入其中。

种植方法

栽种大丽花应保证阳光充足。它们对寒冷天气非常敏感，最重要的是一定要等到地表温度达到15℃以上时才能栽种，栽种时间通常为春季最后一次霜冻结束后两周左右。将大丽花块茎水平放入挖好的种植穴中，埋入10~15cm深，不要浇水，直到它们萌发新芽钻出地面。通常，我会在大约1m宽的种植床上分两排栽种，株距保持在46cm左右。

一旦植株发芽，有叶片从地表冒出，立即浇一遍透水，此后浇水频率为每周2~3次，每次至少30分钟。当植株长到30cm高的时候，需要进行一次深度摘心，将植株剪掉7~10cm长，这样操作的目的是促进植株从基部长出更多分枝，增加枝茎数量和整体的枝条长度。

蛞蝓和蜗牛是大丽花的头号敌人。可以在种植后两周，或者当叶片从地面冒出后，施放诱饵捕捉，整个生长季内要定期施用。

到了仲夏时节，植物会长得很高，这时需要设置支撑物防止倒伏。我建议采用设置种植围栏的方法，沿着苗床的四周，每隔3m放置一个金属丁字形立柱，然后用捆扎麻绳从一根立柱缠绕到另一根立柱，绕两层，这样就将整个苗床围在围栏中了。对于只栽种几棵大丽花的私家花园来说，可以在栽种块茎的同时，在其旁边立下坚固结实的支柱，这样就可以随着植株的生长将枝条与立柱绑扎在一起。

在大多数地区，由于冬天过于寒冷，不能将大丽花块茎留在地里过冬，所以开花后，需要将块茎挖出来并妥善保管储藏。秋季，几次霜冻过后，用干草叉将块茎从地里挖出来，清洗干净，去除上面沾的多余土壤（通常我会用软管冲洗），然后将其在5%的漂白剂水溶液中蘸一下取出，放置在阴凉处晾干。

建议每年都将大丽花的块茎进行分割，因为它们的块茎长得非常快。当块茎长得太大时容易腐烂，而且会由于重量太大而难以从地里挖出。块茎清洗干净晾干后，可用锋利的修枝剪将其分成两半，这样就可以获得两块小块茎，从而获得更多可供生产切花的植株。也可将对半分开的块茎再分为一个个单独的小块茎。一个可以栽种并长成成品植株的块茎，至少要含有一个芽眼（肿胀的生长节点）。

125

'南瓜香料'

'琥珀女王'

'甜蜜克莱顿'

'斯诺荷·多丽丝'

'苹果花'

'牛奶咖啡'

我最开始种植大丽花时常常试图拯救一些受损的块茎，但总以腐烂告终，所以最好的处理方式就是在一开始就毫不犹豫地将它们丢掉。只要稍加练习，就可以很容易地找到芽眼，然后精确、快速地将块茎分割开。分割后，将块茎储藏好，例如可以放在一个铺有报纸的盒子里，然后覆盖上略微潮湿的泥炭或锯屑，也可以用小块的塑料保鲜薄膜将它们一块一块单独地包起来，随后放在阴凉干燥的地方，温度保持在4~10℃。整个冬季需要每月检查一次，发现任何有腐烂迹象的块茎立刻扔掉。

喜爱的品种

　　'琥珀女王'　这个品种的株型紧凑，花色为温馨的橙色，花朵小巧可爱，形似纽扣状，与任何花材搭配制作成花束都极其惹人喜爱。

　　'苹果花'　这个品种茶碟大小的花朵呈奶油色—裸粉色，美丽迷人，用作鲜切花瓶插效果出类拔萃，同时在花园里的表现也异常出色。

　　'牛奶咖啡'　很少有花能与这个花色为蜜杏色—裸粉色、花朵硕大的大丽花相媲美。这是最流行的制作夏季婚礼花束的花材之一，也是切花花园中必种的一个品种。

　　'甜蜜克莱顿'　在我的切花花园里，这个花型较大、开杏黄色—桃粉色球形花朵、产花量极高的品种，十分惹人喜爱。

　　'南瓜香科'　这个品种花形蓬松，花色为温馨的橙色—金色—树莓色，与任何花材搭配制作花束都会让人难以忘怀。它的花朵看起来就像是经过扎染的，没有两朵是完全一样的。植株茎干很纤弱，所以栽种在花园里时一定要设置额外的支撑物，否则一旦大雨倾盆而下，极易受损。

　　'斯诺荷·多丽丝'　这个品种的花色为桃红色和淡橙色组成的混合色，明亮绚丽的球形花朵拥有强壮结实的茎干，是完美的切花花材，适宜瓶插观赏。

瓶插保鲜技巧

　　虽然大丽花不是一种持久性非常好的切花，但是把握好采收时间，同样可以获得5~7天的瓶插期。由于大丽花在采收后花瓣不能展开太大，所以应在花朵几乎完全绽开时采切，这点很重要，但也不能过度成熟。仔细检查每朵花头的背面，寻找花瓣坚挺而茂盛的花朵采下；薄的或轻微脱水的花瓣表明花朵已经处于凋败期。瓶插时，可在水中加入鲜花保鲜剂。

香 草 植 物

在漫长的夏季，保证叶材的稳定供应是成功完成花束制作的关键，若搭配几枝香草植物的枝条，还会为作品增添几缕芬芳。这些香草植物我主要用于切叶生产，由于采收得非常频繁，所以它们根本没有机会开花。当然，你也可以在鲜花盛开时采收花枝使用，虽然这些植物的花并没有什么特别的引人注目之处。

喜爱的品种

罗勒 这种植物带有甘草般的刺激味道，是香气十分浓郁的植物之一，栽种容易，夏季叶片繁茂，产量丰富。'东方微风'英姿飒爽，深紫色的小花在带有光泽的叶片间跳动，整株植物散发出一种奇妙的香味。肉桂罗勒、柠檬罗勒，以及紫叶罗勒，同样是花园中出色的骨干力量。**种植方法：**罗勒易栽种，可从播种开始种植，春天天气寒冷的时候应该设置保护设施，在霜冻日结束之前，不要将它们放置到室外。在冷凉的气候条件下，罗勒必须在低矮的拱棚里种植，这样可以减轻罹患病害的风险，并且能延长茎枝的长度。定植到室外时，应将其栽种在一个全天都能接受到阳光的地方，株距保持在30cm。当植株长到20~30cm高的时候，应及早摘心，以保证生长出来的枝条适合花艺制作。**瓶插保鲜技巧：**天气炎热时采收下来的花枝容易枯萎，所以应在早晨或傍晚天气凉爽时采收，然后将枝条放置在水中调理几小时，再取出使用。罗勒枝条的瓶插期可达7~10天，而且经常会在花瓶里生出细根。注意水中不需要混入任何鲜花保鲜剂。

香蜂草 香蜂草栽种容易，春季播种。散发着芳香的叶片闻起来像伯爵茶，作为叶材在花艺作品中表现非常出色。整个夏季它都可以旺盛生长，即使很小的种植面积也能生产出巨大体量的叶材。这个品种的色彩为绿色、灰色和淡紫色的混合色，十分独特。与普通的花朵相比，其轮伞状的花序更适宜作为花艺设计中的填充花材，就像爱尔兰风铃草一样。**种植方法：**香蜂草非常容易栽种，可以从播种开始。春季天气寒冷时应设置保护设施，霜冻期完全过去之前，不要放置在室外。香蜂草可以长得非常大，所以株距应保证在46cm以上，每块种植苗床可栽种2~3排。**瓶插保鲜技巧：**当轮伞状花序开始从绿色变成紫色时，就可以采收了。天气炎热时，采收下来的花枝容易萎蔫，所以应尽量在清晨或傍晚天气凉爽时采收。采收下来后将花枝放在水里静置几小时调理一下，再取出使用。如果在水中加入鲜花保鲜剂，瓶插期可以达到7~10天。

薄荷 有人建议我永远不要栽种这种生长旺盛、枝条繁茂的植物，庆幸的是我并没有采纳这个建议。春季，薄荷是最早可以采收的观叶植物之一，有了它就可以在早春时节制作时令花束。我喜欢的种类包括苹果薄荷、胡椒薄荷、凤梨薄荷和绿薄荷。**种植方法：**春天（在寒冷的气候条件下）或秋天，当苗圃中开始出售这些薄荷植株时就可以栽种了。至于栽种地点，当然应该选择花园中可以任由它们尽情生长，而且不会给其他植物生长造成任何麻烦的地方，全日照至半阴处最佳。如果不想让它们疯长，可以将其栽种在大一些的花盆里。**瓶插保鲜技巧：**选择处于成熟期

特色植物

的壮实枝条采收，瓶插期会持续一周以上，有时甚至会在花瓶里生根。不需要在水中放入鲜花保鲜剂。

芳香天竺葵 芳香天竺葵可以从仲夏到晚秋采收。作为花艺设计的基础叶材时，可展现出令人惊叹的观赏效果。我钟爱的品种有'玫瑰精油'、'巧克力'和'柠檬汽水'。它们散发出的气味和它们的名字一样。**种植方法：**春季开始栽种。栽种时，一定要确保发生霜冻的危险已经完全过去。值得一提的是巧克力天竺葵：硕大的叶片上布满了酒红色的花纹，是我最喜爱的天竺葵品种。如果任由其生长，它的枝条可以轻松长到1m长，非常适合用来制作大型花束。所有的天竺葵都需要栽种在阳光充足的地方，株距应保持30cm。我通常在矮棚里种植它们，并加装了加温装置，使其长势更旺盛，从而确保在种植季之初就能将它们定植到花园里，这样直到秋季第一次霜冻开始前，都可以一直采收枝条。**瓶插保鲜技巧：**为了达到最好的瓶插效果，在植株完全成熟、枝条生长壮实之前不要过早地采收，这点至关重要。否则，采收后容易萎蔫，且很难恢复活力。最好在清晨或天气凉爽的傍晚采收，然后立即放入水中，置于阴凉处调理几小时。如果使用鲜花保鲜剂，瓶插期会达到一周以上。

罗 勒

香 蜂 草

薄 荷

芳 香 天 竺 葵

特色植物

134

果实和叶片

————

凭借多样化的纹理和质地以及美丽的色彩，从灌木和乔木上剪下的枝条，成为花艺作品中最佳的衬托者，让整个作品更富有感染力。我的花园里储备了大量这类辛勤的骨干植物。下面列出的这些植物，从晚春到初秋回馈给我了丰厚的奖赏。

种植方法

在大多数气候条件下，下面列出的这些乔木和灌木都极易栽种并生长旺盛。最好选择阳光充足、土壤排水性好的地点栽种，且确保植株在生长过程中有足够的伸展空间。如果打算盆栽，最好的种植时间是秋季；如果准备种植裸根灌木，那么冬天就可以种植。

喜爱的品种

欧洲山毛榉 在采收枝叶方面，欧洲山毛榉是我栽种过的最有用的树木之一。初夏，它们的枝条或许看起来太过娇嫩而不宜使用，但实际上这些枝条已经非常强壮了，而且可以脱水使用，所以像胸花这类用细金属丝制成的精巧花饰，以及一些大型花艺布景，如花环和藤架，都可以使用这类枝条。欧洲山毛榉'彩色叶'尤为可爱，洋红色的叶片上带有深酒红色的条纹。到了仲夏时节，以及进入秋季后，紫叶山毛榉的叶片会变成革质，叶色也从茄子般的紫色变成了华丽的棕锈色。这种独具特色的多样变化让山毛榉枝条成为花艺作品中完美的配材。山毛榉新长出的枝条瓶插期可达一周，而夏末采收的具有革质叶片的枝条瓶插期可以加倍。

海棠 春季开花的时候，海棠是一种必不可少的花材。仲夏到晚秋，当海棠树上结出一簇簇樱桃大小的果实时，同样出类拔萃。在整个生长季中，海棠的颜色从绿色到淡橙色，再到带有条纹的蔓越莓色，最后满树红彤彤。海棠枝条运用到花艺作品中时应去除大部分叶片，这样才能突出果实的视觉效果，瓶插期至少为一周。

欧洲鹅耳枥 这个品种的叶片上具有清晰的叶脉，是大型花艺作品中极其出色的配材。虽然它的叶片看起来非常精致、清新，但在脱水的情况下表现更为惊人，是夏季制作花环的主要材料，也适宜用于制作大型花艺作品的基础架构。制作胸花时可以单独用一片叶子作为背衬，非常漂亮。叶片的瓶插期可以达到7~10天。

无毛风箱果 这是最高产的灌木之一，可以种植一些用来采切枝条。从春末开始，植株长出的开花枝条就可以采收了，这是早春花艺设计中非常理想的花材。一旦花朵凋谢了，会留下挂着成串种子的枝条，这些质地和纹理与众不同的枝条可赋予花束更强的表现力。在整个生长季余下的日子里，这种灌木会源源不断地抽出叶片繁茂的枝条。这个植物家族最特别之处在于它们有很多异乎寻常的颜色，而这些色彩在其他植物世界里很少被发现：'响铃'的叶片近乎黑色，紫叶风箱果的叶片为紫红色，至于究竟当下流行的淡黄绿色是什么样的，金叶风箱果给出了标准答案。当叶片完全成熟时采收下来，瓶插期可以达到10~14天。

135

覆盆子

覆盆子　几年前我就开始在花束中使用覆盆子枝叶，直到现在，它仍然是我收藏夹里的一员。这种植物的产量可以用疯狂来形容，整整一个夏天有源源不断的枝条可供采切。'顶点'和'黄金'这类持续结果的品种是最好的观果枝条，可长期采收。冬季可将植株地上部分剪除，以便来年迅速发出更多新枝，提高产量。相较于其他传统夏季观果品种，这两个品种可以在较贫瘠的土壤中生长，果实为红色和黄色。夏季观果型的覆盆子，如'托拉密'，漂亮的挂果枝条可持续观赏3~4周。另外从晚春到秋季，其繁茂的枝条也是非常不错的叶材。覆盆子绿叶枝条的瓶插期可达两周多。

瓶插保鲜技巧

在清晨或傍晚天气凉爽时采收枝条。采收后立即去除枝条底部1/3的叶片，然后用锋利的刀片从末端垂直划开木质枝条，长度约为几厘米，再将枝条放入一桶清凉的淡水中，调理几小时后取出使用。在水中加入鲜花保鲜剂有助于延长切枝的瓶插期。这里列出的所有植物的切枝都非常强壮，具有较长的瓶插观赏期。

海棠

欧洲鹅耳枥

无毛风箱果

欧洲山毛榉

百 合

高高耸立的花茎，蜡质的喇叭状花朵，百合不愧为初夏里的花园女王。它们的花色令人眼花缭乱，有红色、橙色、黄色、粉色、白色，甚至近乎全黑色。有一些品种的花瓣带有条纹或斑点；还有一些散发出浓郁的香味，以至于只需在房间放上一枝花，好几天都可以弥漫着香味。百合种植容易，在大多数地区都能茁壮生长，而且会一年接一年重新发芽生长。我栽种过将近50个不同品种的百合。

种植方法

夏天订购百合种球，初秋到仲秋，收到种球后立即栽种。百合喜欢阳光充足、土壤排水良好的地方。栽种百合种球时，要挖15~20cm深的种植穴，根部朝下放入种球，种植间距为种球宽度的两倍。用土壤、堆肥或腐熟的有机肥填满种植穴，然后在上面覆盖5~10cm厚的覆盖物，这样既可以防止杂草生长，又能隔离保护好种球以便其顺利越冬。一旦春季种球开始萌芽，要定期浇水和除草。

喜爱的品种

按照不同的特征，百合可分为很多品系。下面列出了栽培最广泛的几个品系，每一种的花期都可以持续几周。亚洲百合和东方百合在初夏就开始开花；OT百合和喇叭百合要到仲夏才开始绽放。

亚洲百合是最先开花的品种，也是商用鲜切花贸易中最常用的百合品种。亚洲百合的花朵朝上开放，用于制作手持花束相当出色。这个品系

的花色缤纷亮丽，每枝花茎上可长出十几朵花，在任何环境下都能生长良好。亚洲百合无味，所以如果对香味介意的话，可以考虑一下这个品种。

东方百合是迄今为止香味最浓郁的一个品种——整个房间只需放上一枝，连续几天都会弥漫着甜美的麝香味，而且东方百合硕大的星形花朵大气壮观，花色鲜艳动人。

OT百合是东方百合和喇叭百合的杂交品种，也是我最爱用于花艺创作的品种。它们既拥有喇叭百合丰富的花色，又拥有东方百合浓郁的香味。

喇叭百合非常引人注目，玫红色的花苞绽放后色调比东方百合或亚洲百合更柔和。喇叭百合每年花茎都会长得更高，开花更多，所以每隔几年应种下新的种球，以便更好地管理鲜切花的生产和采收。在温暖的日子里，喇叭百合浓郁而甜美的香味会一直弥漫在空气中。一旦植株定植后，需要设置支撑物，以确保其直立生长，避免枝条被过重的花头压弯。

'木门' 很少有品种能够与这种令人赞叹的OT百合相媲美。它那奶黄色的花瓣看起来就像从花朵内部散发出的一道道光芒。这个品种散发着温馨、甜蜜的香味，令人难以忘怀。

'蒙特哥湾' 这是我最喜欢的OT百合。它的花瓣为橙色，镶有奶黄色的花边，这是自然界中最让人赏心悦目的色彩组合之一，花朵散发出清新的果香。

'萨塔瑞罗' 深粉色的花蕾，绽放后花朵呈温馨的哈密瓜色，无论是与其他花材搭配在一起制成花束，还是单独插放在花瓶里，均能呈现

'木门'

出美妙的观赏效果。这个OT百合品种一直在我的花园中占有一席之地。

'游戏时间' 这个名字完美地诠释了这个令人欢愉的东方百合品种。干净的白色花朵带有独特的玫红色条纹，香味浓郁，让房间洋溢着欢快与喜悦的氛围。

'索邦' 这个东方百合品种的花朵是一种简洁的玫瑰粉色，花瓣边缘带有一圈细细的白边，散发出的蜜糖般香味常常令我陶醉。当我用它们制作成花束时，人们常会感觉似乎闻到了棉花糖的味道！

瓶插保鲜技巧

百合是一种瓶插时间非常持久的鲜切花。在花瓶里待上10天，对它们来说是一件再正常不过的事了。当花蕾开始着色，花茎底部的花苞刚刚开始打开时就可以采收了。百合的花粉是个小麻烦，沾到衣物上不易清洗，所以当花朵绽开的时候，可用一小块纸巾捏住花粉囊，将其摘掉。在水中放入鲜花保鲜剂有助于在花朵绽放的过程中保持花瓣颜色深厚鲜艳。

'蒙特哥湾'

'游戏时间'

'萨塔瑞罗'

'索邦'

特色植物

多年生植物

如果你的切花花园中拥有大量多年生植物，会让你在初夏时毫无后顾之忧地创作花束。我在花园中专门开辟了一处很大的角落，献给这些辛勤工作的"美人们"。从初夏起，它们为我提供了大量可采收的鲜花。这些多年生植物完美地填补了晚春球根花卉和其他开花植物与最早开花的夏季一年生植物之间的空窗期。

种植方法

多年生植物如果从播种开始种植比较有难度，所以最好从苗圃直接购买成品苗。它们长得非常快，因此不必买大盆径的苗，直接购买小苗即可，这样更省钱。最好在秋季第一个霜冻日之前的4周开始种植，以便在寒冷天气到来之前，留给植物充足的生长时间。当然，也可以在春季种植，但与头一年秋季栽种的相比，第一年的产花量会少很多。这里列出的所有植物株型都相当大，种植间距应保持在30~46cm，以达到最佳的生产能力。

多年生植物一般需要2~3年的时间才能成熟，所以选择一个良好的种植区域并在早期做好杂草控制非常重要。秋季定植后，我会在种植苗床上铺一层厚厚的覆盖物，以阻止杂草种子发芽。春季一定要密切监测杂草动向，及时采取有效的处理措施。

喜爱的品种

飞燕草 插满了蓝色和紫色飞燕草的大花瓶，放在房间中央霸气奢华。在花园中待上几年之后，这些高高耸立的"巨人"可以长到1.6~2m高。因为它们长得实在太快了，一旦长起来就很难再设置种植网或支撑木桩了，所以应该在春季尽早搭建好稳固的支撑系统。我使用的是双层的种植网，将其固定在金属立柱上，足以支撑起巨大的飞燕草茎枝。飞燕草有几十个栽培品种，我更喜欢高耸的、重瓣花朵的"太平洋巨人"系列。它的花色有淡蓝色、深蓝色、白色、薰衣草色和淡紫色，每个品种都带有黑色和白色的花芯。如果想要略微短一点的花茎，"魔泉"系列是一个不错的选择。这个系列的花色有白色、紫罗兰色及各种深浅的蓝色。**瓶插保鲜技巧：** 当一根花茎上1/4~1/3的小花完全绽开时采收。如果在水中放入鲜花保鲜剂，瓶插期可达6~8天。

福禄考 这种乡村风格花园中的主打植物精致漂亮，而且养护管理非常容易。福禄考花色丰富，花头巨大，在夏季的第一阶段产花量非常大。一旦天气转暖，很多植株就会感染上白粉病，但我从来没有治疗过，因为似乎受感染的植株并没有受到严重的影响。福禄考应栽种在阳光充足或局部能接受到阳光的地方，种植间距为30~46cm。这种植物枝条伸展得比较缓慢，如果秋季进行分株，单独一株就可以覆盖整个种植区。我特别喜欢高大、带有芳香气味的宿根福禄考，比如白花的'大卫'、淡紫色花的'劳拉'。**瓶插保鲜技巧：** 当一根花茎上只有两三朵小花绽开时采收，在水中放入鲜花保鲜剂可以将瓶插期保持在5~7天。

142

福禄考

飞燕草

西洋蓍草

西洋蓍草　这种耐旱性好的植物花头是平顶形的，花枝轻盈，色彩丰富，有蔓越莓色、粉红色、水蜜桃色、橙色、黄色、白色，以及薰衣草色。栽种在阳光充足的地方，株距为46cm。蓍草生长极具活力，枝叶蔓延伸展，所以一定要给它们提供足够的生长空间。我最喜欢的品种是"夏之果"混色系列。它们在夏天会呈现出令人惊奇的树莓色、裸粉色和珊瑚色的混合效果。**瓶插保鲜技巧：**当一根花茎上80%的花朵绽开时采收。总有种冲动在花茎还未成熟时就采收下来，但是这样做的话，太嫩的枝条会在几小时内萎蔫。在水中放入鲜花保鲜剂有助于延长西洋蓍草的瓶插期，使其能够保持大约一周。

鲜切花的四季绽放

月 季

在初夏的花园里，繁花满枝的月季丛展现出转瞬即逝的美，很少有植物能与之相媲美。收获它们那散发着芬芳的娇美花朵是一种不容错过的美妙体验。多年来，月季凭借它的魅力俘获了我的心。现在，我的花园里共栽种了近400株月季，涵盖了50余个不同的品种。

种植方法

如果你仔细阅读当地的书店或图书馆中的书籍，会发现有成百上千本书讲述了这个高贵精致的植物家族的故事。如果你在月季栽种方面是个新手，那么面对如此多需要分类整理的信息，难免感到压力巨大。在过去的几年里，我尝试过许多养护技巧，发现要保证月季苗壮成长需要把握以下三个方面：充足的阳光；肥沃、经过深度改良的土壤；抗病性强的品种。

你可以在当地的苗圃里购买到已经栽种了多年的盆栽植株，但我还是比较喜欢在冬天直接按照月季品种邮购目录订购裸根苗。这种灌木在冬末或早春寄来时处于休眠状态，收到后可立即定植，表现通常优于那些盆栽的植株。直接购买裸根苗栽种的好处是不用担心植株会在移植过程中受到损伤，而且还直接拥有了一棵体形较大的植株。

栽种月季时，需要先挖一个大小为月季根部两倍的种植穴，将植株放入种植穴中。放置时要小心，不要让植株的根在种植穴中互相挤在一起或交缠在一起，应给根系足够的空间让它们完全舒展开来。随后填入改良后的土壤，确保完全覆盖住主干，露出嫁接部位（与植株根球连接在一起，环绕植株的小突起疤痕）。冬天定植后，在根部区域覆盖一层厚厚的木屑或腐叶土，一来可以防止杂草生长，二来有助于保持湿度。秋末，将植株四周的所有枯叶清理干净，这些枯叶可以用来制作堆肥，也可以将其直接覆盖在每一棵月季的根部。这种方式有助于保护植株芽冠免受破坏性寒冷天气的侵害。

月季经过第一年生长后，修剪是一项重要的工作，这将有助于促进植株长势更旺盛，开更多花。月季种植的一项重要经验就是你修剪得越多，来年长势就会越旺盛。在气候温和的地区，这项工作在冬末进行，但是如果在气候较寒冷的地区，这项工作就需要一直等到初春再进行了（当植株出现新芽的萌发迹象时就可以着手进行了）。首先要剪掉枯死或患病的枝条，剪切部位应为向外生长的芽苞之上。我通常是将植株整体生长量的1/3剪除，确保将那些细小或纤弱的枝条剪掉。

春天，将秋天覆盖在植株周围的覆盖物移走，然后进行施肥，最好使用月季专用肥，直接将其施入植株根部四周的土壤中。

与本书中列出的其他很多植物相比，月季更容易患病。温暖而潮湿的天气极易引发黑斑病、锈斑病和白粉病。面对这个问题，我更多的是挑选那些抗病能力较强的品种栽种，并尽可能地采取措施让植株保持健康状态——每周喷洒一次堆肥茶，及时去除染病的叶片，采用滴灌的方式进行灌溉。病害是月季种植过程中常发生的问题，只要选择适宜当地气候条件的品种，平时像对待婴儿一样多加照料养护，它们就会回馈你一大桶接一大桶的鲜花。

喜爱的品种

　　'科莱特' 这个令人赞叹不已的攀爬能手有着华丽的桃红色—杏粉色花朵。这个品种的抗病性非常强，自由开花的习性使其成为切花花园中必备的植物。

　　'玛格丽特王妃' 对于黄色月季我尤为喜爱。这个品种的产花量很高，花色是鲜艳浓郁的杏黄色—橙黄色。

　　'遥远的鼓声' 这个株型中等的灌木型月季抗寒性非常好，长势旺盛，整个夏季会一直繁花盛开。伴随着薰衣草色的花蕾逐渐展开，独具特色的青铜色、淡紫色、淡巧克力色混色大花朵绽放开来。

　　'埃格兰泰恩' 这个品种株型中等、抗病性好、可持续开花，是我见过的花朵最精美优雅的品种之一。硕大的淡粉色花朵散发着甜美的芳香，看起来就像是一幅荷兰静物写生油画。

　　'詹姆斯·高威' 在这个非常特别的月季花上似乎有一种萦绕心头、挥之不去的感觉——它看起来像是从另一个时代的画卷中走出来一样。温馨甜美的粉色调花朵，一层层展开紧密包裹着的花瓣，美得令人窒息。这个品种属于大花型品种，花量巨大，茎干上几乎没有刺。

　　'莎莉·福尔摩斯' 这是一个非凡出色的可持续开花的灌木型月季，花量丰富，花朵为带有金黄色花芯的奶油白色单瓣花，可持续绽放整整一个夏天。这个品种长势健壮、充满活力。

瓶插保鲜技巧

　　作为切花使用时，月季的瓶插期很短，只能持续屈指可数的几天。为了将瓶插期尽可能地延长，可在花苞只有约1/3打开时就采收。采收应在清晨天气凉爽时进行，采下后将花枝直立放入混有鲜花保鲜剂的水中。单瓣品种在花苞刚开始露色，尚未打开前采收。采收下来插放在花瓶中，花朵中心会逐渐褪色，这时花瓣就会很快掉落。对于不同的栽培品种，以及不同的采收阶段，月季的瓶插期一般为3~6天。

'玛格丽特王妃'

'遥远的鼓声'

'科莱特

‘莎莉·福尔摩斯’

‘埃格兰泰恩’

‘詹姆斯·高威’

金 鱼 草

在我的切花花园中，金鱼草一直是最高产的初夏开花植物之一。它们是真正的"随采随开型"，意味着采收得越多，花儿就会开得越多。去年，我栽种了27个品种的金鱼草，总共将近6000株，这个数字相当惊人，由此可看出我相当钟情于这种花。与商店出售的金鱼草不同，自己花园种植的金鱼草会带着一种甜甜的柑橘味，这种香味可以连续几天弥漫在房间里。

当大多数园丁听到"金鱼草"这三个字的时候，往往会想到春天，在大多数园艺中心和园艺店都能买到小包装种子的一种欢快怡人的草花。虽然从技术上来说，它们都属同一植物家族，但是作为花园装饰的草花金鱼草品种与专门培育出来用作切花生产的金鱼草品种，相差甚远。大多数用于花园景观的草花金鱼草都是株型更为紧凑的品种，通常种植在容器中，而且在种植过程中还要施用生长调节剂来进行矮化处理。所以，为了在每年夏季能够采收到花茎更长的金鱼草鲜切花，必须挑选适宜用作切花生产的品种，而且从播种开始种植，这点至关重要。

种植方法

金鱼草种子是我见过的颗粒最细小的种子之一。我们常开玩笑说，它更像一粒尘埃而不是种子。我一般从早春开始播种。播种时，用一根稍微湿润的牙签，黏起一两粒种子放进育苗穴盘的穴孔中，然后用一层薄薄的蛭石覆盖。虽然种子很小，生命力却很强大，播种后四五天第一批幼苗就萌发出来了。

一旦幼苗长出3对真叶，就可以将它们定植到花园中了，种植间距为23cm。金鱼草耐寒性非常好，可以应对一些轻微的霜冻，所以在春季最后一个霜冻日前一个月定植比较适宜。

为了增加植株的开花数量，建议进行摘心处理。当植株长出5对真叶时，用锋利的修枝剪剪掉顶端，只保留3对真叶。这个处理将促使植株从基部长出更多分枝，最终产花量能够增加两倍以上。因为经过摘心处理后，植株的开花期会推迟2~3周，所以我通常将一半的植株进行摘心处理，另一半不摘心，以便可以更早地欣赏到金鱼草鲜花。

金鱼草长势旺盛，直立向上生长，所以如果遇到暴风雨天气，很容易发生倒伏。摘心后不久，应在距离地面大约30cm高的地方架设一层种植网，这样当植株向上生长时，可以穿过种植网，从而获得有力的支撑。

'香蒂尔'

喜爱的品种

'香蒂尔'（混色） 这个褶边品种色彩绚丽，宛若蝴蝶般的花朵成为初夏最受欢迎的花卉之一。我栽种过各种花色的金鱼草，但随着时间的推移，我最爱的花色已经缩小到下面几种：珊瑚色、浅粉色、古铜色和浅鲑红色。我经常用一大把金鱼草制作成一个大花束，那蓬松的茎枝看起来就像是一束由新鲜水果制成的冰糕。

'蝴蝶夫人'（混色） 这个重瓣杜鹃花形的品种展现出别具特色的身姿。因为花形丰满，花朵很难被昆虫授粉，所以瓶插期要比单瓣品种更持久。同时，这个超多褶皱的品种还有着令人眼花缭乱的花色，包括象牙色、樱桃红色、粉色、黄色、古铜色，以及桃红色。

瓶插保鲜技巧

当一根花茎上只有底部的两三朵花开放，且花朵尚未被昆虫授粉时，采切下来。如果在水中放入鲜花保鲜剂，瓶插期可达7~10天。

'蝴蝶夫人'

特色植物

不耐寒一年生植物

不耐寒一年生植物是夏季花园里真正的强者。它们几乎不需要什么养护，生长迅速，在相当长的一段时间内花量丰富，并且可以耐受盛夏的炎热。

种植方法

这些植物对寒冷非常敏感，即使最轻微的霜冻也会冻伤它们致其死亡，千万不要过早开始播种。我通常将播种时间推迟到春季最后一个霜冻日前6周，然后从那时起至初夏，每隔三周进行一次补播。一旦所有的霜冻威胁都过去了，再将小苗定植到花园里。

这里列出的植物都极具活力，长势旺盛，需要给它们提供足够的空间来伸展，种植间距应保持在30~46cm。虽然所有这类植物在高温天气下都能健康生长，但是一定要确保每周至少浇一次透水。

喜爱的品种

鸡冠花 这个家族的神奇之处在于，天鹅绒般的花朵有着不同的形状，包括扇形、羽毛形、球形，很难让人相信它们实际上是来自同一个植物家族。世界各地较温暖的地区都可以直接在花园里播种鸡冠花，但是，我居住的地方，由于夏季天气更加温和，所以通常是在矮型拱棚或温室大棚里栽种小苗。除了"孟买"系列以外，所有的鸡冠花都可以通过摘心来促使分枝生长。当植株长至约15cm高时，剪掉茎的生长点。这种处理能够促使植物从基部长出大量分枝，每一株植物都会长出几十根大小完美的茎枝。我最喜欢的品种有'孟买粉红'（扇形）、'超级峰'混色（球形、扇形和羽毛形的混合品种），以及'馨香女人'（羽毛形）。**瓶插保鲜技巧**：栽种到地里后，鸡冠花的花头会越长越大，当花头的大小达到期望的程度时就可以采收了。一定要在结籽之前采收。剪切下花茎时将茎干上80%的叶片去除，因为叶片会在花头凋谢前枯萎。鸡冠花的瓶插寿命非常长，在没有鲜花保鲜剂的清水中，瓶插期都能长达两周。也可以将鸡冠花晒干，供日后使用。制作干花的方法是，将新鲜的茎枝倒挂在一个温暖、阴暗的地方，持续两三周，或直到它们摸起来坚硬为止。

野胡萝卜花 从栽种的第一天起，这种株型超大的酒红色—巧克力色的伞形羽状鲜花就一举风靡整座切花农场。它看起来颇为壮观，几乎可以和任何花材搭配在一起，仅需一次种植，就会连绵不断地盛开花朵，花期差不多能持续整个夏季。大小不一的伞形花头呈现出深深浅浅的巧克力色，可为花艺作品增添几分轻盈灵动。野胡萝卜花能够长得很大，所以种植间距应为46cm，并且一定要尽早搭建好支撑物，以免遭遇狂风暴雨发生倒伏。建议架设种植网。**瓶插保鲜技巧**：当花头上所有的小花完全绽开，花头变平时就可以采收了。如果花茎被过早剪下极易枯萎。新采收的鲜切花放置在加有鲜花保鲜剂的水中可持续观赏6~8天。

千日红 这个夏末的宠儿有着像纽扣一样的花朵，有点类似三叶草的花朵（豆科车轴草属三

千日红   金盏花

鸡冠花　　　　　　　　　　　　野胡萝卜花

叶草，而非酢浆草科酢浆草属的某些种类），插在花束中看上去棒极了。它们在高温炎热的气候条件下也能苗壮成长，所以我一般在矮型拱棚中种植。千日红自然分枝性较好，不需要摘心处理。我最喜欢的颜色包括胭脂红色、淡紫色、橙色、粉红色和白色。**瓶插保鲜技巧：**千日红也属于剪得越多，开得越多的植物。新采收的花茎在没有放鲜花保鲜剂的水中可以保存两周。也可以将千日红的花茎晒干，制作成干花供日后使用。制作干花时，将新鲜的花茎倒挂在一个温暖、阴暗的地方，持续放置两三周，或直到摸起来坚硬就可以了。经干燥处理后的花茎使用时要轻拿轻放，因为花朵会有些脆弱，很容易脱落。

金盏花 这是可供挑选种植的花量最丰富、耐受性最好的开花植物。通常单独一株植物就可以采收15～20枝花。这些花园中的"辛勤员工"之所以如此高产，得益于尽早进行的摘心处理。当植株长到15cm高的时候，就要摘心。金盏花鲜艳动人的橙色和黄色花朵非常结实，是制作花环的上佳花材。我最喜欢的两个品种是花朵巨大的橘红色'绝地武士橙色'，以及花朵为红褐色—黄色带条纹的'宫廷小丑'。**瓶插保鲜技巧：**当花朵半开的时候采收，并去除主茎干上的大部分叶片。金盏花的花形相当标准，特别适合与其他花材搭配在一起制作成花束，在水中放入鲜花保鲜剂的情况下，瓶插期可达7～10天。

特色植物

鲜切花的四季绽放

蔬　菜

在制作花束的过程中，我特别喜欢加入一些可食用的植材，而且越容易识别的越好。我曾经将胡萝卜塞进了一个著名花艺大师制作的新娘花束中，将红辣椒和小茄子放入了一位热爱美食的新郎的胸花中，将樱桃番茄和葡萄撒到数以百计的餐桌花饰中，将树莓加入圣餐台插花中，还用海棠果装饰了嘉宾留言板，并在我主导设计的花艺作品中尽可能地将馥郁芬芳的香草放入其中。

将食物与鲜花搭配在一起，更能促进大家畅快交流。大多数人都不太注意花瓶里到底插了什么，除非他们认出了某些配材，而这些小小的食材往往能够引发那些对鲜花并不迷恋的客人们开始交谈。

种植方法

所有这些蔬菜都喜欢高温天气，从夏末开始直到秋季第一个霜冻日，它们会让你大获丰收。因为我的花园坐落在夏季较凉爽的地区，所以我会在温室里栽种蔬菜，这样可以为它们的生长提供需要的温度和热量。如果你的花园位于天气炎热地区，这些蔬菜在室外就能旺盛生长。

在春季最后一个霜冻日前6~10周开始在室内的育苗穴盘中播种。一旦幼苗长出了第一对真叶，便将它们移植到直径10cm的花盆中，等到天气转暖时再定植到室外。请注意，如果想让它们保持良好的生长态势，一定要让其处于15~21℃的环境中，这点非常重要。一旦天气回暖，气温稳定，夜间温度高于10℃时，就可以将植株定植到室外了。这里我列出的蔬菜品种株型都非常大，需要足够的生长空间，所以植株间距应保持在30~46cm。为了保证这些蔬菜长势良好，需要设置支撑柱。对于西红柿，我建议在种植时架设较重的"T"形金属柱，随着西红柿的生长，将枝条绑系在立柱上。对于辣椒和茄子，可以架设种植网，也可以将枝条直接绑系在高1m的木桩上。

喜爱的品种

茄子　我比较青睐果实细长的亚洲品种。它们垂挂在花瓶边缘非常迷人，可与野胡萝卜花、滨藜、百日草等颜色丰富的植材搭配在一起。用这种食材制作花束可能会有点难度，因为果实比较重，所以必须确保茎枝能够牢牢地固定在所需位置。如果植株可以生长到夏末、初秋，挂着小茄子的茎干便会足够长，用于插花时可直接插放在作品中。如果想早些使用，但茎干长度又较短时，可以将小茄子堆成一小堆，摆放在装满鲜花的花瓶底部作为衬托。**瓶插保鲜技巧**：由于果实非常容易从茎干上脱落，所以在进行花艺创作时要格外小心。将结有果实的茎干剪切下来后，去除所有叶片，果实就露出来了。这些小茄子通常能够观赏好几天。

辣椒　和其他蔬菜一样，辣椒也有很多种类可供选择，夏季和秋季都可将其作为花艺创作的植材，使作品更富有激情。虽然大多数辣椒品种放在花束中效果都不错，但我还是更喜欢果实细长的品种，例如'匈牙利热蜡'。**瓶插保鲜技巧**：从绿色一直到变为全红色，辣椒可以在这个变色过程中的任何一个阶段采收。赤手处理辣椒

枝条时很容易被果实辣到刺痛，所以操作时最好戴上手套。采摘后立即将枝条上所有的叶片都去掉，因为它们很快会萎蔫。无论是否在水中放入了鲜花保鲜剂，辣椒枝条在带水花瓶中都可以存活两三周。

　　西红柿　或许我最喜欢的蔬菜已经悄悄"溜"进了花束中。在任何尺寸的花艺作品中，西红柿低垂在边缘，都会打造出新颖别致的效果。理论上所有品种的西红柿都可以通过巧妙地艺术设计成为花艺设计的原材料，但我特别喜欢'红醋栗'和'白

醋栗'这样的迷你小西红柿，因为它们极易与作品融为一体。对于大型的花艺作品，有着深紫红色果实的'深紫色樱桃'和'黄梨'看起来更为惊艳夺目。**瓶插保鲜技巧：**当一串果枝上所有的西红柿都成熟了就可以采收了，但是不要等到果实长到完全熟透的颜色，因为熟透了的果实会从茎枝上脱落下来。采收之后，去除茎枝上的叶片，因为它们很快会萎蔫。如果将茎枝放在水中，上面挂着的西红柿果实可以坚持4~5天，并且会逐渐成熟变色。

西红柿

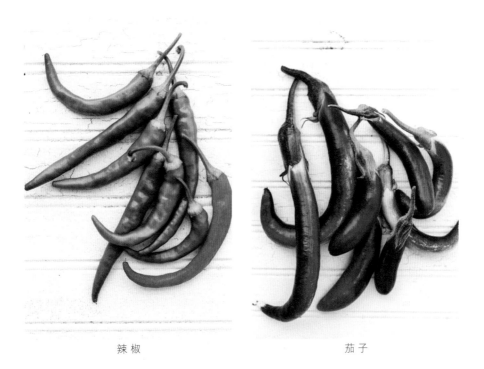

辣椒 茄子

特色植物

百 日 草

没有什么比满心欣喜地怀抱一大捧百日草更能诠释夏天了。作为最容易栽植的切花花卉之一，百日草非常适合新手，无论你的花园位于何处，它都是非常可靠的一种高产作物。

种植方法

百日草讨厌寒冷的天气，所以最好在天气暖和一点之后再种植。据我所知，很多位于较温暖地区的种植者通常在春季最后一个霜冻日之后的2～3周将种子直接播撒到花园中。在气候凉爽的华盛顿，我们通常在室内播种，4～6周后再将小苗定植到室外。

百日草的种植间距大约为30cm。为了确保秋季花材供应稳定，需要采用轮播的方式，初夏每隔2～3周进行一次补种。

一定要选择茎干高大适宜做切花的品种，并将其种植在阳光充足的地方。将幼苗稳妥地定植后，每周需要浇水，采用滴灌或铺设水带的形式均可，每次浇水至少要持续半小时，直到地面完全浸湿为止。

要想让百日草茎干长得更长，秘诀就是摘心。当植株长到46cm高时，剪下位于植株顶部的花芽，这将促使植株长出更多分枝，并最终长出更长的茎干。如果没有定期采收百日草已经开放的花朵，那么要确保及时剪掉已经枯萎的花头，这样可以让植株储存更多的能量用于孕育新的花朵。

喜爱的品种

"班纳利巨人"系列 这个系列是百日草家族中花型最大的，通常能够长到120～150cm高，而且茎干强壮，具有良好的抗病性。它们的花朵多为重瓣花，色彩亮丽丰富。我最喜欢的颜色是鲑红色、珊瑚色、橙色和酒红色。

'俄克拉荷马鲑鱼' 这是我所栽种过的产量最丰富的一种百日草。娇小的重瓣花花色为鲑红色和桃红色的暖色调混合色，和任何植材搭配在一起效果都非常棒。长而强壮的茎干，精美的小花，使它成为夏季植物中的佼佼者。

"皇后"系列 这个系列的特点是茎干长、瓶插期久、具有良好的抗病能力。该系列有两种颜色：'皇后石灰'是一种漂亮的苹果绿色，花头中等大小，茎干结实强壮；'皇后红石灰'是一种紫色、绿色和玫红色的混合色，华丽新奇，堪称跨界混搭。

'蓝盆花'（混色） 我第一次种植这个品种的时候就爱上了它，其带褶皱的重瓣花看起来有点像迷你非洲菊或重瓣松果菊。这个品种的茎干很长，花色为暖色调混合色，包括绯红色、金色、橙色等颜色的混合。

'骚动玫瑰' 这个品种堪称切花花园中真正的"工作狂"。它具有超长的枝条，非常强的抗病能力，产量丰富。它的花朵是令人惊艳的玫红色，与其他花材搭配制成花束，绚丽夺目。

167

"班纳利巨人"系列

'俄克拉荷马鲑鱼'

"皇后"系列

'骚动玫瑰'

'蓝盆花'

特色植物

'日虹'

'日虹'（混色）　当我试种这个品种时，这些可爱的小宝贝们就将我的心偷走了。迷你型的重瓣花绽放在长长的、结实的茎干顶端，花径仅为2~5cm，花色明快艳丽，包括金色、绯红色、橙色、粉色、白色、玫红色，以及紫色。

瓶插保鲜技巧

判断百日草花茎是否可以采收，可以用手捏着花头下部大约20cm的地方，轻轻摇一下茎干。如果茎干下垂或者弯曲，说明还未到可以采收的程度。如果茎干坚硬并且保持直立，就可以采收。如果在水中放入鲜花保鲜剂，瓶插期可达7~10天。

花艺设计

大丽花的聚会

在我栽种过的花卉中，很少能有像大丽花'牛奶咖啡'这样令人印象深刻的。仅仅一朵硕大的花朵已经令人惊叹不已，如果一个花瓶里满满地插放了几十枝如此迷人的花朵，足以赢得一片喝彩。硕大的花头，奶油色融合裸粉色如丝绸般质感的花瓣，令人大饱眼福。毋庸置疑，大丽花是夏季婚礼花饰中最受青睐的花材之一。

大丽花的花型较大，在花艺创作中将它们恰当地组合在一起，还是有一些难度的。我的处理方法非常简单，就是将若干枝大丽花集中插放，搭配一些娇小柔美的花材，作品的整体高度和宽度大约为90cm，完美地展示出这些花朵的独特魅力。制作这个作品的关键是一定要挑选适宜的容器，稳定性好的瓦罐或花瓶为宜，防止容器中插满这些顶部较重的花枝后倾倒。

材料清单

1个大花瓶

1团细铁丝

8枝0.6~1m长的挂果海棠枝条

15枝0.6~1m长的无毛风箱果绿叶枝条

6枝0.6~1m长的无毛风箱果挂果枝条

5枝大丽花'牛奶咖啡'

6枝大丽花'苹果花'

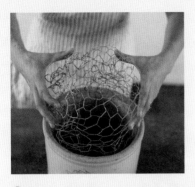

❶首先将花瓶中装满水，放入鲜花保鲜剂。将一小团细铁丝攒成球状，塞入花瓶中，以便为较重的花枝设置好固定支撑，避免发生倒伏。

❷去除海棠挂果枝条上的叶片，突出果实，然后将枝条沿着花瓶四周边缘均匀放置。确保枝条放置稳定牢固，以免从瓶沿倒落。

❸插入无毛风箱果绿叶枝条，注意弯曲方向要与海棠枝条保持一致，并确保不会将海棠枝条遮挡。

❹用无毛风箱果的挂果枝条将绿叶之间的空隙填满。这将为整个作品增添几分轻盈灵动，打造具有空气感的花束。

❺插入大丽花。'牛奶咖啡'的花头非常重，花瓣容易受损，插放的时候要格外小心，动作尽量轻缓。从花瓶的边缘开始，先插放弯曲程度最大的花枝，使其自然从边缘垂下，看起来就像从花瓶中溢出一样。然后将花束中心用其他大丽花填满。为了看上去更自然，花枝高度要错落有致，花朵要朝向不一，就像要照亮每一间房那样。这样从任何方向看起来都格外美丽。

❻将花型较小的单瓣大丽花'苹果花'插放在'牛奶咖啡'的大花朵之间，作为色彩的完美补充。

❼后退一步，看一下整体效果。用无毛风箱果的绿叶枝条或挂果枝条将作品的空隙填满。

夏日余晖

盛夏，预示着花园已然处于繁花盛开的巅峰期，我会在每个房间都摆上一束鲜花，尽情享受大自然带来的这份恩赏。曾经提到过，我喜欢在花束中将蔬果和鲜花搭配在一起。夏季有很多精美的蔬果可供选择，例如西红柿、茄子，以及各种豆类等。

与之搭配的，我选择了花色明亮、花形蓬松的大丽花'南瓜香料'作为主角。随意自然的姿态、温馨且透露出丰收般喜悦的花色，让它成为这个耀眼花束中最完美的主花材。姿态轻盈，颇具空气感的羽状鸡冠花非常适合用作填充花材。在花束中加入几枝柠檬罗勒，则会增添几分令人心旷神怡的柑橘香。

材料清单

1个花插

1个中等大小的水罐形花器

5枝覆盆子树枝

2枝樱桃西红柿藤条

7枝柠檬罗勒

5枝花型中等的大丽花，如'南瓜香料'

7枝小花型大丽花，如'琥珀女王'

5枝羽状鸡冠花

4枝小花型百日草，如'俄克拉荷马鲑鱼'

5枝千日红

❶将花插放进花器里，在花器中装满水，放入鲜花保鲜剂。这有助于固定较重的花材，提高作品的稳固性。

❷将绿色的覆盆子树枝沿着花器边缘插放，构建起作品的整体轮廓。

❸将樱桃西红柿藤条放在作品的最前面，让其从花器边缘自然垂下，这样能够更醒目。

❹插放柠檬罗勒，将其均匀地分布在花束中。

❺插入花型中等的大丽花，确保面对花束时它们的花头朝前。将其沿着花器边缘插放，这样就不会被绿叶枝条挡住了。

❻在这些较大的大丽花之间插入色彩互补的小花型大丽花。

❼在已经插放好的花材间插入鸡冠花。

❽将百日草插进花材中，确保其高度高于其他花朵，这样就不会淹没在花丛和枝条中。

❾整体看一下花束，在需要点缀色彩的地方插入千日红。

商业手捧花束

  建造切花花园最大的益处之一就是可以有足够的收成来与大家分享。我非常喜欢在花圃里快速地走一圈，收集一大捧鲜花，将它们绑扎在一起制成礼品花束，送给家人或朋友。

  制作这种花束最简单的方式，就是像在市场上看到的那样，使用欧式螺旋法。你可以手握整个花束，设定一个相同的角度添加花材和叶材，制作基本成型后转动花束看一下整体是否丰满自然，予以适当调整和填充。这会是一件来自花园的完美礼物。

材料清单

修枝剪

麻绳

4枝淡紫色大花飞燕草

5枝紫色罗勒

5~7枝野胡萝卜花

6枝粉色重瓣波斯菊，如"双击"系列

8~10枝紫色小花型百日草，如'日虹'

5枝紫色千日红

6~8枝大花型百日草，如'皇后红石灰'

2枝芳香天竺葵

❶去除每枝花材茎干下面2/3的叶片，然后将花材按不同类型分成小堆放在工作台上，花头朝外。

❷要想创作出螺旋形花束，在手里握着的时候就要建立起基础。第一枝花要始终保持在花束中心，围绕着花束中心均匀地添加花材。每枝花材以大约25°的角度倾斜插入，当感到花束整体失去平衡时，轻轻转动花束，换个方向插入花材。

❸首先，取一枝茎干较长的大花飞燕草作为花束中心，然后边转动花束边围绕其加入罗勒。

❹每插入一枝罗勒后，塞一枝野胡萝卜花，然后再穿插一枝波斯菊。每加入一枝新的花材时，微微转动花束。

❺加入小花型百日草，记住加入花材时要按一定的角度倾斜。

❻将剩余的大花飞燕草环绕花束外围插入。

❼从花束顶部将可爱小巧的千日红穿插进花束中，确保它们峭立在其他花材的上方，这样才能引人注目。

❽环绕花束加入大花型百日草，尽可能地均匀放置。

❾环绕花束外围加入芳香天竺葵，为这份花礼增添几缕芬芳。

❿修剪花束末端，使所有花材的茎干长度一致。

⓫将制作好的花束平放在桌子上。一只手握住花束，另一只手用麻绳缠绕住所有茎干，多缠绕几圈，然后打一个简易的绳结将全部茎干固定好。

AUT

U M N

秋　季

完成采收、整理花园

　　秋天总是以一种有趣的方式偷偷溜到我身边。当我还幸福地沉浸在夏天的丰裕富饶之中，并尽最大的努力让这一切保持在巅峰之上时，在毫无准备的情况下，一夜之间一切都变了。白天突然变短了，傍晚的阴影越来越长。清晨在花园里，为了保持温暖舒适我需要额外加一层衣服。植物们不再将能量投入到生长中，而是赶在第一次霜冻到来之前，快速进入结籽状态。曾经富饶、闪耀着生命之光的绿色田野很快变成了一片沉闷却温馨的金色大地，短短几周内，这里的景色几乎让我认不出来了。

　　虽然此时花园中大部分的植物在迅速衰败，但总有一些陪伴着我们度过这个季节。大丽花会一直盛开，直到第一次寒冷的霜冻天气到来。种植南瓜的苗床中，茂密的枝叶开始枯萎凋谢，带着漂亮纹理的绿色、白色、橙色，以及金色的果实终于露出了真面目。菊花迎来了属于它们的季节。它们的花朵数量多得惊人，几十种不同颜色和花形的花朵，足足可以开放6周。

　　伴随着秋天的脚步，我的主要精力也发生了转移——从种植、养护花园中的植物到将工作重点放在清洁和整理花园上。花园里仍然有一些工作要做，但与春季和夏季不同，这些工作没有紧迫感，每一个项目我都可以慢慢来。

主要任务

记录花园工作

做好花园工作记录是非常重要的一件事，我总是在初秋留出一些时间，赶在霜冻到来前将花园的情况简单记录一下，因为霜冻会抹去当年花园中所有美好的景象。我会大概记录一下今年做过哪些工作，哪些工作没有开展，在接下来的一年里计划在哪些方面加以改进。虽然，有时也有省略这项工作的冲动，总是想着所有细节几个月后还会记忆犹新，但是，做好记录是制订好下一年度工作计划的关键。

清理花园

一年中最艰巨、最令人望而却步的工作之一就是在秋天收拾和整理花园。我总感觉这项工作难以开始，从来没有真正了解到底该从何处着手进行，所以这项工作很容易就被拖延下来了。但我发现，在第一次霜冻之后马上投入精力进行这项工作是再好不过的时机。你永远不可能精准预知未来的天气，所以，在天气变坏之前将所有衰败的植物拔掉，将灌溉设施和地布收起来储存好，这样才能真的让自己松一口气。

挖出大丽花块茎

大丽花对寒冷非常敏感，除了在最温暖的地方，其他地区如果将它们留在地里过冬，肯定会死掉。一般情况下，可以将挖出大丽花块茎的工作推迟到深秋至初冬，这期间进行这项工作对植株来说都是安全的，只要地面没有被冻住。不过，我还是喜欢行事谨慎一些，所以一般在深秋降霜时节，发生了几次霜冻后，选择一段天气晴好的日子将大丽花块茎从地里挖出。挖出块茎后，必须将它们储存在一个温度不会低于冰点的地方，例如保温效果比较好的车库或地下室。

移栽不耐寒多年生植物

有一小部分多年生植物无法在寒冷的冬季存活下来，除非将其放入室内，且温度高于冰点的

187

地方。菊花和芳香天竺葵都属于这类植物。我将它们栽种在了温室大棚中，所以，当花园中其他植物被霜冻几乎"摧毁"时，它们仍然能够在一段时间内生长并开花。在更寒冷的霜冻日到来之前，地面已经开始上冻，这类植物基本就停止生长、开花了，这时要进行修剪，只保留15cm高的茎干，并将其移栽到花盆中，放置在不会遭受霜冻危险的地方，例如地下室、车库，或者有加温设施的温室中。

露地播种耐寒性一年生植物

秋天播种耐寒的一年生植物，能够确保其在早春开花。在非常寒冷的天气下，飞燕草和黑种草都可以直接在地里播种，它们可以毫发无损地度过冬天。在气候更温和的地区，大阿米芹、爱尔兰风铃草、滨藜，以及蜡花属植物都在秋季可以栽种的植物清单中。如果在天气较寒冷的地区，可以在冬末于室内将它们播种到育苗穴盘中，然后春季定植到花园中。我的目标是在秋季第一次霜冻后马上将种子播在地里。初秋，种子经过冷冻—解冻—冷冻的循环后，有助于在播种后10~14天迅速萌芽。它们将长出矮小的一丛叶片过冬，一进入春季，就会迅速迸发出一大波花朵，进入盛花期。

播种香豌豆

在温和的气候条件下，可以在初秋将香豌豆播种到花盆等容器中，然后放在温室大棚或者专用的幼苗保护罩中过冬，随后在早春将其定植到花园中。与冬末或早春开始种植相比，此时栽种的香豌豆长势更旺盛，花期也会提前大约6周。但需要注意的是，香豌豆怕冷，必须增加保护措施，防止气温低于0℃时冻伤或死亡。

栽种春季开花的球根花卉

这是我最喜欢的秋季工作之一。每一颗小小的种球都承载了许多承诺和希望，让我对新的一

年充满期待。一定要在地面开始上冻而且没有被冻透之前栽种，这样它们才有机会在寒冷阻碍生长前，顺利生根并且发育良好。我的目标一般是在秋季第一次霜冻后一个月内栽种下种球。

将多花水仙和朱顶红栽种到花盆中

除了在花园中种满球根花卉以期初春时节观赏到繁花盛开的美景，提前为漫长的冬季做好规划也是非常重要的。通常我会在花盆中栽种一些冬季开花的球根花卉，例如多花水仙和朱顶红，并且在车库中留出一小块角落，专门放置这些盆栽。整理好花园后我会立即将它们种在花盆中，然后每隔几周取出六七盆放在家里，这样整个冬季这些缤纷亮丽、馥郁芬芳的鲜花会一直装点着房间。

种植多年生植物和灌木

秋季是种植多年生植物和灌木的最佳时间之一。无论是常绿植物，还是落叶植物都可种植。在理想情况下，应至少在土壤冻结、气温骤降前6周将植株栽种到地里，所以我的目标是初秋至仲秋栽种。苗木定植后立即进行深度覆盖，不仅可以保护植株根部免受极端低温的影响，还能抑制杂草生长。多年生植物需要在根部覆盖5~10cm厚的腐熟堆肥，而灌木则需要覆盖一层10~15cm厚的木屑。

土壤测试及改良

秋季是进行土壤测试，改良土壤的最佳时间。此时操作，营养物质会有充足的时间融入土壤，任何营养缺乏症都可以有效地得到改善，翌年花园的土壤将更加健康。

189

一

特色植物

一

金 光 菊

金光菊是每一座切花花园的必备植物。它们耐热性好，不需要过多地养护管理，从仲夏到初秋，可以连续稳定地盛开几个月。虽然夏季它们的开花量最大，但是我认为秋季它们看起来最美丽迷人。将这些色彩象征着丰收的花朵与谷物、观赏草和向日葵搭配在一起，无疑是最成功的组合。

这个植物家族非常庞大，面对如此多的选择，真的很难控制住自己。但是，谈到最适合做鲜切花的品种，我建议还是选择茎干更高挑的黑心金光菊，以及产花量更惊人的棕眼金光菊（又名薄叶金光菊）。在相当长的一段时间里，它们都会用一桶接一桶的鲜花为你送上最美好的祝福。虽然从技术上来说，它们都属于多年生植物，但是将它们当作一年生植物尽早播种种植，同样可以获得最佳的效果。

种植方法

在你所在地区春季最后一个霜冻日前8～10周开始在室内使用穴盘播种育苗，在所有可能的霜冻危险过后将其定植到室外。最好将其栽种在阳光充足的地方，株距至少保持30cm。这里列出的所有品种都会长得很高，如果不设置适宜的支撑物，当植株开满花朵时很容易倒伏。建议尽早搭建支撑物以保证植株最佳的生长状态，无论是种植网还是围栏，效果都非常好。

喜爱的品种

黑心金光菊'切诺基日落'（混色） 这是金光菊中株型较高的品种，可用于切花生产。这个混色品种为花型硕大的重瓣花，花色有铁锈色、古铜色、金色、巧克力色，以及引人注目的双色，堪称集中了所有秋季标志色的调色板。

黑心金光菊'樱桃魔术' 这是第一个真正意义上从种子繁殖的红色金光菊品种。深红褐色的花瓣环绕黑巧克力色的花芯，与一些令人心动的花材搭配在一起，例如百日草'皇后红石灰'，会呈现出极其奇妙的效果。

黑心金光菊'齐齐尼'（混色） 这个暖色调混色品种，是我最喜欢的夏末/初秋花卉植物之一。管状花瓣组成了硕大的花头，深浅不一的巧克力色、古铜色、铁锈红色、金色，以及焦橙色的花朵，格外引人注目。我喜欢将这个品种的花朵与深色系的向日葵和无毛风箱果的枝条搭配在一起使用。

黑心金光菊'丹佛戴斯' 这款颇具吸引力的品种拥有巨大的金黄色花朵，花芯为黑巧克力色，看起来就像手绘的一样。

黑心金光菊'印度之夏' 这个花朵为半重瓣的"巨人"开出的花直径为10～18cm，花色为金黄色，并带有标志性的"黑眼睛"（花芯），漂亮迷人。

黑心金光菊‘切诺基日落’

黑心金光菊‘樱桃魔术’

黑心金光菊‘齐齐尼’

黑心金光菊‘丹佛戴斯’

黑心金光菊'草原阳光'

棕眼金光菊

黑心金光菊'印度之夏'

特色植物

黑心金光菊'草原阳光' 这个品种株型高大，花量丰富，由深黄色和浅黄色混合而成的双色花瓣，在迷人的苹果绿色花芯四周呈辐射状散开。

棕眼金光菊 在所有我栽种过的金光菊中，这个品种绝对称得上是我的最爱。到仲夏时节，它可以很轻松地长到1.6～2m高，每棵植株的产花量多达20枝。小花型的花朵向四周散开，用在花艺作品中，可增添几分欢快的氛围。

瓶插保鲜技巧

当花朵开始绽放时，就可以采收金光菊了。如果在水中放入鲜花保鲜剂，瓶插期可以达到7~10天。金光菊属于"脏花"的一种。因为将其放在水中大约几小时后就会使水浑浊，所以被冠以"脏花"之名。为了解决这个问题，并大幅延长其瓶插寿命，可以在水中加入几滴漂白剂。

卷心菜和羽衣甘蓝

伴随着秋天的脚步，天气变得潮湿、寒冷，开始结霜，但是花园里仍有少数植物看上去状态不错。这是观赏卷心菜和羽衣甘蓝状态最好的时节，在花园中挤出一小块区域种植这些晚季节的"劳动模范"，可以让你在大多数花材凋谢之后，继续拥有植材进行花艺创作。我喜欢将叶片带有深深褶皱的羽衣甘蓝与菊花、蔷薇果、干豆荚搭配在一起放入花瓶中，将宛如月季般的观赏卷心菜绑上铁丝制作成秋季风格的花环。

种植方法

仲夏，在室内使用穴盘播种育苗，具体播种时间大约为当地秋季第一个霜冻日前3个月。当幼苗长出两对真叶时，将其定植到花园中阳光充足的地方。羽衣甘蓝会长得非常大，所以株距要保持在30~46cm，以保证植株生长良好。观赏卷心菜的栽种方法则完全相反：为了让植株长得更紧凑，下面可利用的茎干更长，需要在种植苗床中将其栽种得更紧密，株距只需保持在10~15cm。

种植观赏卷心菜，最重要的是应尽早架设种植网，这样可以保证植株的茎干更挺直，避免发生倒伏。随着植株不断长高，应定期清除下部的叶片，抑制虫害的发生。羽衣甘蓝则不需要任何特殊的养护管理。

观赏卷心菜容易受到蚜虫的侵害。如果感染已经很严重，应每周喷洒杀虫肥皂水，直至蚜虫消失。如果这两种植物都被毛毛虫侵害，可以施用BT（苏云金杆菌），施用剂量和方法按照使用说明上的指示操作。这两种药物都是有机的，对宠物和儿童是安全的。

喜爱的品种

羽衣甘蓝"鹤"系列　近年来，很多新的羽衣甘蓝品种被培育出来，专门用于鲜切花商品贸易。我几乎栽种过全部的品种，发现"鹤"系列生长一致性好，随着天气渐冷，它们的色彩会随之变化，让我尤为喜爱。'红鹤'的叶片为蓝绿色，花芯为亮紫色；'桃鹤'的叶片为蓝紫色，花芯为亮紫色；'红鹤羽毛皇后'为皱边紫色叶片；'白鹤'的叶片开始为绿色，随着生长逐渐变为乳白色。

羽衣甘蓝'红博尔'　这个深紫色的皱叶品种被誉为花园中美丽又美味的植物。它不仅可以提供充足的食材，而且可用作秋季花束设计的基础花材。随着天气变冷，其厚大叶片的色彩更加突出。

羽衣甘蓝'冬博尔'　这是一个传统的品种，蓝绿色带褶皱的叶片与任何花材搭配都很漂亮，可作为大部分晚秋花束中的基础花材使用。这个品种也可以食用。

瓶插保鲜技巧

当羽衣甘蓝叶片长得又大又结实时就可以采收了，采收后，去除茎干下部1/3的叶片。观赏卷心菜长出月季花形的花头时就可以采收了，同样，采收下来后也要将茎干下部的叶片去除。无论是观赏卷心菜还是羽衣甘蓝，瓶插表现都格外出色，插放在花瓶中至少可以观赏两周，但是几天之后它们会让水闻起来很臭。使用鲜花保鲜剂有助于解决这个问题，但还是建议每隔几天换一次水。

'红鹤'

'白鹤'

'白鹤'

'红鹤羽毛皇后'

羽衣甘蓝 '红博尔'

'白鹤'

'桃鹤'

'白鹤'

羽衣甘蓝 '冬博尔'

菊　花

在我从事专业花卉生产的最初几年中，听到对菊花的评价几乎都是负面的。这些评价大多是说在花艺设计中使用菊花品位不高、缺乏时尚感，因为菊花是到处都能买到的便宜货。

就像许多花卉一样，菊花已经成为现代化农业生产的牺牲品，密集的繁殖导致这个植物家族让人感到毫无特色。以前，我对菊花的评价也不高，直到参观了位于费城的一座城市花卉农场才大为改观。那里的主人培育的一小片祖传下来的菊花品种，竟然都是我从未见过的。巨浪般闪耀起伏的花朵，独特新奇的羽状花瓣，赏心悦目的柔美色彩，这一切都与我曾经见过的菊花完全不同。我做梦也不会想到，能够将"美丽动人"与"独一无二"这两个词与菊花联系在一起。

在世界上某个后院隐蔽的角落、某处花卉农场，或是某家的露台、阳台上，这些古老的菊花品种被喜爱的人们精心保存着，我却毫不知情。当发现这个植物家族蕴藏着如此巨大的吸引力后，我投入了一整个温室来栽种能够获得的全部菊花品种，从那时起，我便对菊花赞不绝口。

种植方法

菊花经受不住冬天的严寒，所以每年春天都需要订购新的带根插条。最好能够在春季最后一个霜冻日前的5～6周收到这些小苗。收到后，将插条栽种在直径10cm的花盆中，放置在明亮、带有保护设施的地方，例如温室中，这样它们会长得更壮实，等到最后一次霜冻结束后，就可以定植到地里了。

菊花有很多栽培品种可供选择。有些品种夏末就可以开花，而有些品种的花期在晚秋才到来。虽然这些植物可以经受住一些轻微的霜冻，但最好为它们设置一些额外的防护设施。我通常将菊花栽种在不带加温设施的大棚里，如果空间有限，也可以将它们直接栽种到尺寸大一些的容器中，这样当预报会发生严寒霜冻时，可以及时将它们移到有防护措施的地方。

菊花可以长得特别大，应将其栽种到阳光充足的地方，并保持30~46cm的株距。定植好后要设置牢固结实的支撑物，比如种植网，这一点非常重要。如果只栽种了几棵菊花，可以在每棵根部旁边竖立一根结实的柱子，随着枝条的生长，将它们绑在柱子上就可以了。

初夏，要对植株进行强剪，只保留15~20cm高。这个操作可以促进植株根部分枝生长更旺盛，大大增加产花量。如果仔细研究关于菊花栽种方面的文章，可以发现菊花研究者们也写了一些其他的种植技巧，但我发现，每年初夏对植株进行强剪，仅仅这个简单的操作就足以让产花量大增。

秋季，菊花很容易受到蚜虫的侵害。如果感染很严重，可每周喷施杀虫肥皂水，直到蚜虫消失。有时候，毛毛虫也是一个问题——就像卷心菜一样，可以用BT来对付它们。

'古铜色羊毛'　　　　　　　　'坎迪德'

喜爱的品种

　　'古铜色羊毛'　对这个高产，花形似银莲花的小花型品种，我甚是喜爱。它的每一根花茎上都被几十朵小小的、毛茸茸的、南瓜色的花朵覆盖得满满的，与其他秋季色调花材搭配在一起简直棒极了。

　　'坎迪德'　这是我栽种过的表现最好的红色菊花品种。深红宝石色的硕大花朵尽情绽放，格外美丽，是花艺设计中最完美的花材。

　　'海瑟·詹姆斯'　这个巨大的"生产能手"长出的花茎数量在我栽种过的品种中是最多的。深铁锈红色的花朵拥有最令人惊喜的质感，瓶插期可持续两周。

　　'朱迪思·贝克'　第一次看到这个姿态轻盈、深古铜色的奇妙品种时，我惊呆了。手掌大小的花朵为华贵的铜色和温馨的金黄色组成的混合色，与其他秋季花材搭配起来令人耳目一新。我也很喜欢将这个品种单独做成花束摆放，效果非常棒。

　　'尼金·比戈'　这是个花瓣向内卷曲的品种。花瓣外侧为金色，内侧为橙红色，形成鲜明的对比。这种与众不同的色彩组合让这个矮壮的品种成为园丁们的秋季必种植物。

　　'西顿太妃糖'　这个品种可谓是秋天的缩影。它有着硕大的深古铜色花朵，花茎结实健壮，花头由迷人的管状小花组成。

瓶插保鲜技巧

　　当花茎上1/2~2/3的花绽开时，就可以采收了。剪切下后，将花茎插入花瓶中，去除花茎底部浸泡在水中的叶片。菊花的瓶插寿命非常长，加入鲜花保鲜剂后，通常会超过两周。

'海瑟·詹姆斯'

'朱迪思·贝克'

'尼金·比戈'

'西顿太妃糖'

特色植物

鲜切花的四季绽放

观果枝条

秋天，我最期待的一件事就是用缀满果实的枝条制作花束。沉甸甸挂满浆果的枝条为花束增添了颇具趣味性的质感，我会毫不迟疑地将它们放进每一件作品中。

种植方法

在大多数气候条件下，下面列出的这些植物都栽种容易，长势旺盛。种植时，应选择阳光充足、排水性好的地方，并确保至少留出2m高的生长空间。如果打算购买盆栽苗种植，最佳的种植时间是秋季或早春；如果打算购买裸根苗，则可在冬季栽种。

喜爱的品种

美洲南蛇藤 美洲南蛇藤长势旺盛，长长的蔓生枝条上缀满黄色的芽苞，秋天一到，这些黄色的小芽苞就会陆续裂开，露出橙黄色的果实。由于它们长势极其疯狂，所以在某些地区被认定为有害的杂草，种植前应研究一下所在地区的植物限种目录。栽种时需要搭建牢固结实的种植架。美洲南蛇藤需要经过授粉才能坐果。一棵雄株可以给十棵雌株授粉（如果确定不了，可以向当地苗圃咨询）。随着前一年枝条的生长，果实逐渐孕育出来并长大，所以不要修剪得过于厉害。**瓶插保鲜技巧：**可在果荚裂开之前采收枝条，这时上面挂着的果实仍为黄绿色，采收后去除枝条上所有的叶片。新采收下来的枝条可以直接用于花艺制作，也可将其放在温暖干燥的地方，晾干后制作成干花使用。在处理得当的情况下，干燥后的枝条可以放置很多年。

葡萄 若在花园中挤进一些这类藤本植物，从夏末到秋季，不仅可以收获一篮子美味的水果，还可以用它们制成漂亮的花束。随着天气逐渐转冷，葡萄硕大的枫叶状叶片从绿色变为了金黄色，然后又变为宛若带有大理石花纹的橙红色，最后落下。当果实不再生长，叶片完全掉落之后，可以将柔韧弯曲的木质枝条剪下，盘卷成环形，作为花环的基座。可在早春栽种葡萄，并搭建一个牢固结实的棚架供它们攀爬。一棵健康生长的葡萄藤至少可以存活30年。**瓶插保鲜技巧：**应在果实完全成熟之前采收，否则，成熟的葡萄会从茎枝上掉落下来，弄得地面一团糟。尽量找挂着一簇簇果实的较长枝条采收，这样可以更灵活地将它们插入花艺作品中（较短的枝条在低矮、小巧的作品中表现更好）。如果采收下来的枝条上的葡萄是绿色的，那么瓶插期可以达到4~5天。葡萄藤的叶片色彩变化丰富，插放在花瓶中效果格外出色。叶片开始着色后随时可以采收，可与其他秋季惹人喜爱的花材搭配在一起，例如菊花、蔷薇果、观赏卷心菜。

金丝桃 夏末秋初，这类低维护的多年生灌木上缀满了颜色鲜艳的浆果，有红色、橙色、粉色、桃红色、棕色、黄色和白色，品种不同果实的颜色也不同。这种植物生长迅速，只需一年株龄就可以结果了。如果春天种植，那么在它的第一个生长季就可以收获浆果。栽种时种植间距应保持在45~60cm。**瓶插保鲜技巧：**当浆果开始变色时就可以采收了。采收下来的枝条瓶插寿命可长达两周，且无须加入鲜花保鲜剂。

205

蔷薇果 虽然无论我多小心,采收这些带刺的宝贝们时手总会被刺痛,但我仍然认为很少有挂果的枝条能够与它相媲美。我栽种了数百棵可以反复开花的蔷薇,除了能采收芬芳四溢、蓬松的花朵,秋季还可以收获一批产量丰盈的蔷薇果。绯红法国蔷薇'都庞提'能长到2m高,拥有淡雅的奶油色—粉色单瓣花朵,花朵凋谢后会结出几百颗又小又长的橙色果实。蓝紫色叶片的紫叶蔷薇,花朵凋谢后会结出成串的牛奶巧克力色蔷薇果,非常独特。果实成熟后逐渐变为橙红色。**瓶插保鲜技巧:** 在蔷薇果开始皱缩之前采收。选择果实饱满的枝条剪下,然后去除所有叶片。在没有加入鲜花保鲜剂的情况下,枝条的瓶插期可以持续一周,也可能更长。

毛核木(别名:雪果) 这种原产于美国的灌木已经遍布全球。毛核木易于栽培,秋季果实成熟,成串的粉色和白色浆果挂满枝头,非常具有观赏价值。毛核木在阳光充足或半阴的地方都可以茁壮生长,并凭借其发达的地下根系迅速枝繁叶茂。因为它们生长一年就可以结果,所以如果春季定植,当年秋季就可以挂果。种植间距应保持在60~90cm。在众多可选择的品种中,我特别喜爱'紫晶'。这个品种的果实非常大,颜色为粉紫色,而且抗病性好,长长的拱形枝条上挂满了迷人的浆果。**瓶插保鲜技巧:** 在果实开始皱缩之前采收。选择果实饱满的枝条剪下,去除枝条末端的叶片。在没有放入鲜花保鲜剂的水中,瓶插期可达一周。

毛核木

葡萄

美洲南蛇藤　　　　　　薔薇果

金丝桃

苋

水芹

亚麻

谷　物

虽然我热衷于种植那些苍翠繁茂、充满浪漫情趣的开花植物，但是栽种一些谷物有时也会获得令人满意的效果，因为它们能够为花束增添几分野趣。这些质地和结构独具特色的植材，纯朴自然，赋予了花艺作品更多趣味性，极具感染力。从仲夏到秋季，它们能持续提供大量丰富的植材。

喜爱的品种

苋　目前市面上能够见到的苋的品种我几乎都种过，最后发现仅有一小部分值得栽种。垂吊型绿色的'翡翠流苏'是常用的花材。它那超级吸睛的形态放在大型花艺作品中尤为出色。绿穗苋'奥泊培奥'是我喜欢的一个直立型品种，颜色为暗红色，比其他品种成熟得要早。'热饼干'有着令人难以置信的金棕色，插放于秋季花束中惊艳至极。'珊瑚喷泉'呈粉色，是一个非常漂亮的垂吊型品种，看起来像是褪色的碎花天鹅绒。**种植方法：**在春季最后一次霜冻前4~6周开始在室内使用穴盘播种育苗，当确保不会发生霜冻危害后再将它们定植到室外。霜冻期完全结束后，也可以直接在花园中播种。种植间距应保持在30cm。当植株长至20~25cm高时，需要进行深度摘心，以促进分枝生长，从而长出更多尺寸足够大的可使用的茎枝。**瓶插保鲜技巧：**当种穗饱满，颜色渐浓时就可以采收了。去除茎枝上大部分的叶片，以防萎蔫，这样也可以充分显露出花穗漂亮的质地和纹理。如果使用鲜花保鲜剂，瓶插期可以长达7~10天。

水芹　这种快速开花的植物是花艺作品中必不可少的填充花材。高耸、结实的枝条上缀满了美丽的银白色种荚，不易萎蔫或破碎。从播种到采收仅需两个月的时间。**种植方法：**水芹的发芽速度非常快，所以从春季最后一个霜冻日结束后到初夏，我会每隔两三周在花园中进行一次播种，以期获得稳定的产量。**瓶插保鲜技巧：**当种荚完全成形且饱满，枝条顶端的花朵已经凋谢时采收，瓶插期可达7~10天。除了作为鲜切花使用，还可以将茎枝制作成干花，添加到秋季花束和花环中。制作干花的方法是，将枝条倒挂在温暖、干燥的地方，避免阳光直射，几星期后或者用手摸一下已经干透了，就制作好了。

亚麻　这个宝贝我已经栽种很多年了，就像第一次在朋友的花园里发现它一样，这么多年来我对它的喜爱程度丝毫没有改变。它那精致、结满种荚的枝条，与向日葵搭配在一起时，简直美极了。**种植方法：**在春季最后一个霜冻日前4周开始在室内播种，无霜冻危险后定植到室外。为了能够连续采收到茎枝，在整个仲夏时节，可以每隔两三周补播一批。种植间距保持在5~10cm。**瓶插保鲜技巧：**当花朵上的花瓣掉落只留下绿色的种荚后，就可以采收了。不需要添加鲜花保鲜剂，瓶插期可以达到10天。如果在枝条绿色阶段来不及将所有枝条采收下来，可以等枝条转为金色时再将它们剪下，并制作成干花用于秋季花艺作品中。制作干花的方法与水芹相同。

209

光纤草

粟

糜子

长毛狼尾草'羽毛顶'

观 赏 草

如果想让一件花艺作品获得出乎意料的魔幻效果，最快捷、最简单的方法之一就是在花材中塞入几枝观赏草。除了能够为花束增加不落窠臼的视觉趣味，这些观赏草还尤为耐旱，易于种植。

喜爱的品种

光纤草 这是我栽种过的最高产的品种之一。仅一次种植就会每隔几天冒出一大批枝条，并持续整整6周。它们那高大的绿色茎干上挂满闪闪发亮的银色种荚，宛若一支支光纤魔杖。为了保证整个夏季都能采收枝条，可以进行三次轮播，每次间隔一个月。**种植方法**：在春季最后一个霜冻日前6周，于室内穴盘播种育苗。当所有霜冻危险过后，定植到室外。种植间距保持在30cm。**瓶插保鲜技巧**：几乎可以在任何阶段采收种穗。茎干的成熟度越高，种穗上种子绽开得就越多。无须添加鲜花保鲜剂，瓶插期可达10~14天。

粟 我非常喜爱这个观赏草家族，每个种植季都会栽种这个家族中的很多品种。其中，尤为喜爱的品种有'汉兰达'、'红珠宝'和狗尾草。所有这些品种都易于种植，而且产量很高，是制作花束时非常出色的填充花材。**种植方法**：粟的种子在温暖的土壤中很快就会发芽，所以我每隔几周就会将它们直接播种到室外，这个过程可以从春季最后一次霜降结束时起，一直持续到初夏，所以整个夏天和秋天都能够采收到充足的花材。**瓶插保鲜技巧**：当种子从包裹着它们的种荚中露出来后就可以采收了，但是应在种穗颜

色消退前采收，因为随着不断生长会有一些种子从种荚中脱落。粟的瓶插期长得有些令人不可思议，在加入鲜花保鲜剂的情况下可达两周。粟的种穗还可以制作成干花使用。制作方法是将它们倒挂在温暖、阴暗的地方，持续几周或是直到它们完全干燥即可。

糜子 这种形态独特的观赏草是我最喜爱栽种并用作切花的品种之一。深绿色带有黑尖的种穗从粗壮的茎干中抽出并自然弯曲，形态颇似微型弯曲下垂的高粱穗。夏末和秋季，在花束中加入糜子，流苏般的花穗呈现出优雅的观赏效果。一次种植就可以连续多周采收到丰富的植材。**种植方法**：在春季最后一个霜冻日前6周开始于室内使用穴盘播种育苗。霜冻危害期结束后，将其定植到室外。种植间距保持30cm。**瓶插保鲜技巧**：从花穗刚刚抽出到几乎全部伸展出来的任意一个阶段都可以采收。随着茎干的成熟，花穗会长得越来越长，颜色也越来越深。无须放入鲜花保鲜剂，瓶插期可达7~10天。

长毛狼尾草'羽毛顶' 这种形态迷人的观赏草一直是我的切花花园中的主角。花期将近3个月，采收得越多，开得越多。奶白色蓬松的草穗插放在花瓶中，宛若翩翩的舞者，与菊花和大丽花搭配在一起，实在美极了。**种植方法**：春季最后一个霜冻日前6周在室内使用穴盘播种育苗。霜冻危害期结束后，将其定植到室外。种植间距30cm。**瓶插保鲜技巧**：草穗上的种荚一出现立即采收。无须放入鲜花保鲜剂，瓶插期可达7~10天。

213

多年生植物

秋季，为了让花园中有充足的鲜花供采收，可将多年生植物塞进花园里，这样一直到整个生长季节结束，都可以采收到足够的花材制作美丽的花束。这些多年生植物花量丰富，且无须过多的养护管理。下面列出的这些植物是在你可以选择的品种中最易栽种的。当花园中的其他植物开始凋零衰败时，它们会用一桶接一桶的鲜花来回馈你的赏识。

种植方法

多年生植物最好在初秋种植（至少应在秋季第一次霜冻前4周），这样在寒冷天气到来之前植株根系已经建立起来。它们也可以在春季栽种，但与前一年秋季栽种的相比，春季栽种的产花量要少很多。一般来说，多年生植物需要2~3年才能完全成熟。因为它们要在花园中待上好多年，所以一定要选择一个好的栽种位置，并且在早期做好杂草控制工作。秋季，将植株定植后，我通常会在种植床上铺一层至少5cm厚的覆盖物，以阻止杂草种子发芽。春季要密切关注杂草的情况，并及时做出应对。本书中列出的所有植物体形都相当大，种植间距应保持在30~46cm，以保证植株达到最佳的生长状态。相比一年生植物，多年生植物依靠播种繁殖会更有难度，所以最好从幼苗开始种植。本书中列出的品种生长迅速，而且非常容易分株繁殖。除非有特殊说明，所有的多年生植物在全日照条件下长势最旺盛。

喜爱的品种

紫菀 在一年中的大部分时间里，紫菀看起来与蕨类植物一丛丛的绿叶并无什么区别。但是，一旦白天变短，气温下降，它们就会爆发出一大片姿态轻盈、颇具空气感的星形花朵，超凡脱俗，且花色丰富，有蓝色、紫色、白色、玫红色，以及紫红色。纤细的枝条非常适合作为秋季花艺作品中的填充花材。我特别喜爱'黑夫人'这个品种。它那小小的花朵中间带有蔓越莓色的花芯，四周围绕着裸粉色的花瓣，与深色叶片形成了鲜明的对比。**瓶插保鲜技巧：**当一根茎枝上1/4的花朵绽开时就可以采收了。剪下后将茎枝放入混有鲜花保鲜剂的水中，瓶插期可达5~7天。

酸浆 酸浆的枝条上会缀满果实，当天气转冷的时候，这些果实会变成亮橙色，就像一个个热情洋溢的小灯笼，十分独特。这种植物长势极其旺盛，通过地下发达的根系枝条会四处蔓延伸展，除非你有足够的空间，否则还是将它们栽种在一个大型容器中为好。**瓶插保鲜技巧：**当果荚开始变成橙色时采收。采收时紧贴地面切下枝条，去掉上面所有的叶片。酸浆枝条的瓶插期可达两三周。还可以将其制作成干花使用。一旦经过干燥处理后，酸浆枝条可以保存很多年。

日本银莲花 日本银莲花姿态优雅的花朵在纤细的枝条上随着微风轻轻摇曳，故常被称为"风之花"。这些秋季的花中瑰宝可以持续开花两个月或更长时间，花色柔和雅致，有白色、粉色、紫色。不同品种花形有所不同，单瓣、半重瓣、重瓣，形态多种多样。一旦定植成功，通过其发达的地下根系会逐渐蔓延伸展。尽管在水分

酸浆

紫苑

日本银莲花

景天

充足的情况下，日本银莲花可在全日照的条件下生长，但在轻度遮阴至半阴的条件下长势最好。日本银莲花有几十个品种可供选择，我特别喜爱的品种是'奥诺·季伯特'。它有着闪亮耀眼的白色花朵以及蓬松的黄色雄蕊。**瓶插保鲜技巧：**与其他大多数鲜花在花朵刚开始绽放时采收不同，日本银莲花必须在花朵完全绽放，且花粉脱落之前采收，否则花茎采收下来极易凋萎。随着老花凋谢，茎干上其他的花朵相继绽放，放在加有鲜花保鲜剂的水中，观赏期可以持续一周。

景天 在夏末秋初的花束创作中，这种耐旱性好、易于种植的景观花卉也许会成为令人赞叹的填充花材。'夏辉'是最常种植的品种。**瓶插保鲜技巧：**当景天的花朵为绿色时就可以采收下来使用了，花朵完全绽放甚至凋谢后，仍然可以使用，尤其用在花环上效果相当不错。景天额外的优点是具有强壮的茎干以及非常出色的瓶插期，在水中没有加入鲜花保鲜剂的情况下，瓶插期可长达两周。

鲜切花的四季绽放

特色植物

鲜切花的四季绽放

南　瓜

我上高中时，曾在一个出售农产品的商店打工，从那时起便爱上了南瓜。每年秋天，当天气转冷树叶开始变色时，装满了木箱的卡车开进了停车场，车上的箱子里装有许多形状、大小不一，颜色各异的南瓜和葫芦。

我和丈夫买了房子后，在花园里种的第一批植物里就有南瓜。除了用来制作漂亮的观赏品，其中很多品种还是非常棒的食材。如果能够腾出空间，它们绝对值得栽种。

种植方法

南瓜可谓是"重型大胃王"，需要富含有机物的土壤，才能苗壮成长，结出丰硕的果实。在翻耕种植土壤时，我会在每个种植穴中额外添加几小铲堆肥，同时加入一勺平衡肥，然后将它们与土壤完全混合。

切花花园中的植物通常需要密集种植，植株间距要紧凑，但南瓜不同，它的种植间距就像是间隔一座小山一样，这样才能长势旺盛。我通常会在两排南瓜之间留出2m宽的空间，这样每排植株就有1m宽的生长空间来尽情伸展枝条而不必挤在一起。

俗话说"先下手为强"，为了尽快获得成果，可以在春季最后一个霜冻日前3周于室内播种。每个直径10cm的花盆里播2粒种子。所有霜冻的危险过后，可将幼苗定植至室外。在室内播种可以避免幼苗受到饥饿的啮齿动物和鸟类的侵害，也有助于保护其不会受到寒冷、潮湿天气的影响，因为这些情况都可能导致幼苗腐烂。也可以在所有霜冻危险过去之后，将种子直接播种到花园里，每个种植穴播2粒种子，种植深度为2.5cm。

在春季的几个月里，应密切关注小苗的生长状态，时刻监测它们是否受到蛞蝓的侵害，这一点非常重要。在种植期以及每次大雨后，我会施用一种有机的蛞蝓防护剂。这种防护剂可以让这些黏糊糊的捕食者远离植物，而且对动物和儿童来说也都是安全的。

一旦夏天到来，这些植物就基本不需要什么照顾了。你只用在一旁看着它们飞快地生长。

喜爱的品种

'花绉绸'　这颗可爱的"小宝石"最开始为深翠绿色，带淡淡的黄色斑点，随着时间的推移，逐渐转变成一种温馨的浅黄色，十分惊艳。这个品种作为食材也非常出色。

'长疙瘩的德爱斯尼斯'　这种裸粉色的南瓜上面覆盖着一层摸起来疙疙瘩瘩的浅棕色"小瘤子"。有的人对这种独特的形态甚是喜爱，而有的人则会对它略微有些排斥。我当然属于前面那个阵营中的一员。

'玛丽娜·迪·基奥贾'　这个非常抢眼的品种表皮为深绿色，食用或观赏用都格外出色。

'普罗旺斯'　随着时间的推移，这个中等大小、外皮深绿色，带有深深纵沟的南瓜会转变为令人惊奇的褐色。这个品种非常适合食用，如果用作观赏装饰也可保持很长时间。

'灰姑娘'　很少有品种可以和这个光芒闪耀的橙红色法国南瓜品种相媲美。这个品种之

$1 lb

'花绉绸'

'长疙瘩的德爱斯尼斯'

所以被称为"灰姑娘",是因为这个漂亮的花园珍宝和《灰姑娘》童话故事中的南瓜马车长得一模一样。

'特里安布勒' 这是我最喜欢的南瓜品种。其美丽迷人的果实外皮为深浅不一的蓝绿色,形似三叶草,不仅色彩漂亮,而且大小恰到好处,外形独具特色,采摘下来后通常能够放置一年或更长时间。我甚至有过几个放置时间超过了两年!

采摘小秘诀

为了确保南瓜储藏期最长、色泽最好,在适当的时期采摘最为重要,最好在第一次霜冻到来之前采摘。一旦茎枝开始变成褐色,表皮呈现出粗糙状,便可用手指按压表皮来检查果实的成熟度。如果果表皮没有被指甲刺穿,就可以采摘了。用锋利的小刀或修枝剪将果实从茎枝上剪下,保留一小段藤条在果实的顶端。

用10%的漂白剂水溶液清洗刚采摘下来的果实,然后将它们放在车库或温室里的桌子上晾干。在温暖而干燥的地方静置2~3周后,就可以用这些果实布置精美的展示景观了。如果处理得当,大多数品种的观赏期至少会保持3个月。

'玛丽娜·迪·基奥贾'

'普罗旺斯'

'灰姑娘'

'特里安布勒'

特色植物

向 日 葵

毫无疑问，向日葵一直是世界上种植最广泛、最具影响力的鲜切花。它们简直太容易种植了，在炎炎夏日以及初秋都能旺盛生长，而且花量极其丰富，几乎不需要什么关照就能苗壮成长。

当我的孩子们很小的时候，我会在春天给他们每人一包混色的向日葵花籽，让他们在菜园四周种下。我清楚地记得，孩子们用胖乎乎的小手指将带有长条斑纹的种子按压进新翻耕的土壤里。他们是如此小心翼翼、专注而认真地工作着。经过几个阳光灿烂的大晴天，幼苗就会破土而出，孩子们欣喜若狂。没有任何花儿能够带来如此美妙的乐趣。

种植方法

向日葵可以直接露地播种在花园中，或待天气转暖，无霜冻的危险后，将小苗定植到花园里。向日葵的种子发芽非常快，大概只需要几天的时间幼苗就会从土壤里冒出头来。如果花园中可能出现鸟儿或其他野生小动物，要注意设置一些保护措施，以免幼苗受到侵害，直到幼苗长到7~10cm高。因为只要有机会，这些小动物就会迅速将幼苗从土壤中拽出来，吃掉幼嫩的种子。我一般会用防霜布将新播种的苗床盖住，然后用重石头压住四个角固定好，以阻挡鸟儿们的侵扰，直到小苗扎根并牢固地在土壤中长好。

向日葵有两种类型，一种是有分枝的（多头），另一种是无分枝的（单头）。分枝型向日葵株型相当大，而且在很长一段时间内都能够开出大量的花朵。它们需要足够的生长空间，所以种植间距一般保持在45~60cm。为了错开采收期，春季到仲夏，可以每隔3~4周进行一次新一批的播种。

无分枝型向日葵每棵植株只能开出一枝花，因开花迅速，花茎长且直而备受青睐。为了使茎干长度和粗度保持在可控范围内，最好将它们紧密地栽种在一起，否则，可能会看到扫帚柄粗细的花茎，这种粗大的茎干是没有办法用来制作花艺作品的。如果期望花茎更纤细以适宜制作花束，可将植株的种植间距保持在10~15cm。为了能够持续采收到鲜花，春季到仲夏，可以每隔7~10天播种一次。

喜爱的品种

选择切花品种时，最重要的是寻找花粉较少的品种。想象一下，一大团黄色的花粉散落到桌子上，将一块完美无瑕的桌布毁掉，该是多么遗憾的一件事啊。

无分枝型

'专业切花双色'　没有其他向日葵能够像这个美丽的品种一样如此生动地展现出秋天的韵味。深棕色的花芯被一圈棕黄色的花瓣包围着，与观赏草、苋或其他向日葵搭配在一起，格外夺目。

'无限阳光金色'　这是我们栽种过的产花量十分丰富的向日葵之一，且从播种到开花只需60~70天。"无限阳光"系列中全部的品种都值得栽种。我特别喜欢这个拥有纯黄色花瓣、黄绿色花芯的品种。

'无限阳光橘色'　橘黄色的花瓣搭配褐色的花芯，这个花园中的珍宝很快就会开花。这正是种植向日葵所期盼的。我喜欢将它和一些带有深色叶片的植物搭配在一起，例如无毛风箱果、黑心金光菊。

特色植物

'绿色爆炸'

'专业切花双色'

'巧克力'

鲜切花的四季绽放

'金拥碧翠'

'无限阳光金色'

'无限阳光橘色'

特色植物

分枝型

'巧克力' 这个品种茎干高大，分枝很多，一直是花艺师的最爱。深巧克力色的花瓣，黑色的花芯，可为花艺作品增添几分深邃感。与其他大多数向日葵不同，如果在花朵完全绽开时采收花枝，花瓣容易掉落，所以一定要当花瓣刚开始展开时就剪切下来。

'绿色爆炸' 这是一个早花品种，毛茸茸的黄色花瓣环绕着亮丽的绿色花芯。从播种到开花只需两个月的时间。从早春到仲夏可以连续种植，这样从初夏到深秋都可以一直花开不断。

'金拥碧翠' 多年来，我栽种过的向日葵多达几十个品种，似乎还没有一种能够超越这个品种。它那毛茸茸且超级蓬松的花瓣和深褐绿色的花芯构成了一幅妙不可言的画卷。

瓶插保鲜技巧

当向日葵的第一片花瓣展开时立刻采收，为了延长瓶插寿命，可去除茎干下部3/4的叶片。不需要在水中放入鲜花保鲜剂。

鲜切花的四季绽放

藤本植物

————

如何将一个简单的花艺作品的美感提升一个层次，我最喜欢的一个技巧就是在作品中加入几根藤条。这些看似杂乱无章，但颇有野趣的植物，放入任何花艺作品中，都能为作品增添几丝意趣。

多年来，我一直尝试种植一些藤本植物，虽然它们都很可爱，但只有少部分（包括多年生和一年生），成了我花园中的"永久居民"。

如何种植多年生藤本植物

栽种多年生藤本植物应在秋季或早春进行，且要为这些攀爬者提供充足的"漫游"空间，搭建一个结实的棚架、凉亭或其他支撑结构供其攀附生长。这些植物充满活力、生长旺盛，无须额外地养护，只需在每年秋季将其地上部分修剪掉。

喜爱的多年生藤本植物

铁线莲 一旦你发现了这个神奇的植物，就会渴望拥有其中的每一个品种。这么多年，我栽种过的铁线莲品种已经超过40个，其中有2个品种真的长得太疯狂了，它们是铁线莲中最可靠的品种，可以持续稳定地开花。'甜秋'的花朵是优雅迷人的小型花，纯白色、散发着芬芳的花朵可以从夏末一直绽放到秋天。随着花朵的凋谢，会长出一小团轻盈的银色种荚。'比尔麦肯齐'的叶片长得非常整齐，在夏季大部分的时间里，枝条上开满了金色宛如灯笼般的花朵，这片金色的花海美得令人窒息。但是，这个品种最为精彩的是伴随着秋季的到来，银色的果荚开始萌发出来，在夕阳的照耀下闪闪发光。**瓶插保鲜技巧：**如果在水中放入鲜花保鲜剂，瓶插期可持续一周。

啤酒花 这种极易攀爬的植物永远是大家最好的谈资，在短短几年内那些难看的建筑物外墙或电线杆就会完全被它们遮挡住。啤酒花既有绿色的，也有金色的，夏末到初秋，悬垂的淡黄绿色圆锥形花朵呈现出繁花盛开的美景，格外引人入胜。对于大型的花艺作品来说，啤酒花是非常完美的花材，无论是用来装饰拱门或过道上方，还是悬挂在餐桌上方的天花板上，都能获得奇妙惊艳的效果。
瓶插保鲜技巧：在放入鲜花保鲜剂的水中，啤酒花茎枝的瓶插期可达5天。

如何种植一年生藤本植物

可于春季最后一个霜冻日前6~8周在室内播种一年生藤本植物，当没有霜冻的危险之后将其定植到室外。同时，需搭建一个结实坚固的棚架或其他支撑物供其攀爬。

喜爱的一年生藤本植物

电灯花 这种活力四射的攀缘植物无论是在花园中，还是在花瓶中，都是格外出色的花材。从夏末开始一直到秋季第一个霜降日，电灯花的藤条上缀满了奶白色或深紫色，从内向外散发出绚丽光芒的杯状花朵，美得令人窒息。可以将单独的花朵浮于较浅的容器中用作桌面装饰，也可以剪切下藤条用于较矮小的花艺作品中。**瓶插保鲜技巧：**选择刚刚绽开的花朵采收，并将剪切下来的枝条末端在沸水中浸泡7~10s，用高温将切口封住。如果使用鲜花保鲜剂，藤条的瓶插期可达四五天。

电灯花

铁线莲

倒地铃

旱金莲'闪光鲑鱼'

啤酒花

倒地铃　繁花盛开的倒地铃精致优美，枝条像蕨类植物的长藤条上缀满了细碎的白色花朵，球形的绿色果实看起来也非常有趣，像是迷你纸灯笼。更为神奇的是，在每个球形的果实里都有细小的黑色种子，种子上面居然带有完美的白色心形印记。这种生机勃勃的植物能够在两三个月内迅速爬满整个棚架。**瓶插保鲜技巧**：选择已经长得很结实并挂满绿色果实的枝条剪下。剪下的枝条上的绿色叶片在高温天气下容易萎蔫，所以应在一天中最凉爽的时候采收，采收下来后立即将枝条放入水中，静置调理几小时后再取出来使用。如果在水中放入鲜花保鲜剂，枝条的瓶插期可达一周。

旱金莲'闪光鲑鱼'　多年来，我一直在粉色系和其他一些花色柔和的旱金莲中寻找具有完美垂吊效果的品种，最终发现了这个令人难以捉摸的'闪光鲑鱼'。这个攀缘能手在整个夏季枝条上都会挂满奶白色或浅橙色—桃粉色的花朵。在大型花艺作品中加入这些花枝，不仅能够增添趣味性，还能赋予作品灵动感。**瓶插保鲜技巧**：当花朵正在开放时采收。如何需要使用旱金莲的绿色叶片，也可以单独剪下叶片使用，或当枝条长得坚韧时剪切下整根枝条使用。无论是花朵还是叶片的瓶插期都达7~10天。如果使用鲜花保鲜剂，瓶插期会更长一些。

花艺设计

秋季花环

    拥抱日渐萧瑟的秋季，最好的方式之一就是制作一个华丽的花艺作品来捕捉住转瞬即逝的魔幻秋景。每年秋季整理花园时，我会将一些有特点的挂果枝条、豆荚等收集起来，将它们变成一个富有野趣的花环。与那些寓意富足和繁茂的常绿植物花环不同，这种由各类卷曲的小枝条创作出的作品彰显了这个季节放纵不羁的自然本色。

材料清单

修枝剪

20~25根花艺专用金属丝或轮轴金属丝，每根20cm长

3枝新鲜葡萄藤，去除叶片，每枝1.8~2.4m长

3枝美洲南蛇藤枝条，去除叶片，每枝0.9~1.2m长

10~15枝大果型蔷薇果枝条

15~20枝小果型蔷薇果枝条

18~20枝酸浆枝条

❶将一根葡萄藤弯成圆环作为花环的基础架构。在藤条首尾相接处用一段细金属丝缠绕住，以牢牢固定整体架构。将另外两根藤条分别缠绕在圆环上，用金属丝固定。用来制作花环的坚固的架构就完成了。

❷均匀地将美洲南蛇藤枝条一根接一根地缠绕在葡萄藤架构上，并将枝条末端塞入葡萄藤内固定住。

❸将果实较大的蔷薇果枝条用金属丝绑到花环上，每簇果实之间要间距均匀。

❹将果实较小的蔷薇果枝条插入花环小的缝隙处，尤其是花环外侧，这样它们会显得更加醒目。

❺将酸浆枝条插入花环。放置时要分布均匀，确保整个花环看上去丰满充盈。

239

荷兰静物写生画

每年秋天，当花园中的菊花种植区爆发出令人不可抗拒的美景时，我的脑海里都会涌起一股新的创作冲动。当花园中其他植物逐渐萧瑟衰落之时，苍翠繁茂、纹理富于变化的菊花正在尽情绽放，这让它们变得更加特别。

我受到了华丽、精美的荷兰静物画的启发，创作了这个花艺作品，用现代的手法来诠释古老的经典。秋季特有色调的树叶、挂满果实的枝条，以及五彩斑斓的菊花，构成了一幅耀眼夺目、令人难忘的美丽画卷。

材料清单

花插

大陶瓷碗（直径约30cm）

花艺专用油灰

6~8枝欧洲山毛榉枝条

3枝或4枝带有多枚叶片的葡萄藤

6~8枝荚蒾枝条

5~7枝呈拱形弯曲的蔷薇果枝条

7~10枝小花型菊花

7~10枝多头大花型菊花

5~7枝多头管状花形菊花

5枝多头迷你蔷薇果枝条

❶首先，将花插固定在碗底。将花艺专用油灰涂在花插底部，然后将其牢牢地按压在碗底。花插有助于固定较重的枝条，否则将它们放在较浅的容器中容易发生倾倒。

❷将加有鲜花保鲜剂的水倒入碗中，水量大约为碗整体容积的3/4。

❸确定作品的整体外形。在容器的三个点上放置拱形的欧洲山毛榉枝条，以创建一个不等边三角形。较长的几枝组成一簇放在后部靠左的位置，中等长度的拱形枝条组成一簇放在右后边，较短的几枝放在前面的中心位置，自然垂下。确保它们都牢固地插入花插中，这样就不会发生倾倒而从容器中掉出来。

241

❹加入葡萄藤，与欧洲山毛榉的位置相对应。

❺插入荚蒾枝条，同样仿照欧洲山毛榉的位置，但要确保荚蒾枝条的长度略短一些。这样做的目的是建造一个由树叶制成的"鸟巢"，以安放鲜花。

❻加入拱形的蔷薇果枝条，与已经放置好的由树叶组成的外形相对应。确保蔷薇果枝条位置更加醒目突出。同样，也可以沿着容器的边缘放置一两枝蔷薇果枝条。

❼插入姿态轻盈的多头小花型菊花，将树叶间的空隙全部填满。

❽将大花型、花色艳丽的菊花插入花束中。大朵的焦点花需要一定的空间，所以摆放时不要着急，一定要将其朝不同的方向转动，选择一个最佳角度以达到更自然的观赏效果。可以沿容器边缘插放几枝，使其自然垂落营造出随性富足的效果。

❾在这些花型较大、较饱满的花朵之间填入几枝多头管状菊花，为作品增添几分优雅迷人的气质。

❿最后的点睛之笔，塞入几枝小果型的蔷薇果枝条。

季节的赏赐

伴随着夏天的消逝，初秋的来临，向日葵正处于全盛时期，可以利用它们和花园中能获得的其他植材来创造一个充满野趣的花艺作品迎接季节的转换。

创作这个作品的灵感来源于凡·高的名画《向日葵》。制作时并不需要特别的技巧，只需要准备好一大捧来自花园的季节性赏赐，将它们插放在一个陶瓷花器中即可。

材料清单

颈部呈锥形的大陶瓷花瓶（30cm高）

修枝剪

6枝花穗丰满的苋'热饼干'

5枝向日葵'专业切花双色'或其他品种的双色向日葵

6枝向日葵'巧克力'或其他深色的向日葵

8枝黑心金光菊'切诺基日落'（混色）

8枝黑心金光菊'齐齐尼'（混色）

15枝大穗狗尾草

❶将加有鲜花保鲜剂的水倒入花瓶中，水量大约为花瓶容积的3/4。将褐色的苋的枝条长短不一地插入花瓶中，并让几枝从花瓶边沿自然地垂落下来，创建出一个由枝条组成的结构松散的架构，以便放置其他花材。

❷加入双色向日葵，将它们插在由苋围成的枝叶中。

❸交替放入深色向日葵，将苋和双色向日葵之间的空隙填满。

❹将黑心金光菊'切诺基日落'均匀地插入花束中，让它们在花束的两边显露出来。

❺在花束中穿插放入黑心金光菊'齐齐尼'，以填满空隙。这种花瓣长而尖的花朵为整个花束增添了空气感，打破了其他大块头的花材造成的厚重感。

❻插入大穗狗尾草，确保开满小花的种穗高出其他花材以便能够欣赏到。

WIN

TER

冬　季

步入沉寂寒冬

　　漫长而繁忙的花卉生长季过后，迎来了能够让人得以暂时休整的冬季。虽然华盛顿很少下雪，但阴郁的天空、刺骨的寒风，以及无情的雨水将最坚强的园丁都驱赶到了室内。迫不得已，下一个种植季开始之前我也得到了短暂的休整时间和充电时间。

　　初冬时节，天气干燥的日子我会到室外活动，搜寻一些常绿树木的枝条和一些有意思的小玩意儿，以便在制作一年一度的节日花环时能够添加一些华丽而有趣的东西。下雨时，我和家人会围坐在室内的火炉旁边，制作节日用的花饰、花环。空气中弥漫着浓浓的松香味，我们的手总是黏黏的，上面沾满了泥土和树汁。我们将多花水仙和朱顶红盆栽放到地下室里，并在冬季的几个月里将它们作为礼物送人，或用来装点房间，让室内充满鲜花和芬芳。

　　等到假期的狂热消退，我才能彻底地安定下来。每天我都会走到邮箱前，取出新寄到的种子目录，脑海里不断涌现出即将到来的新的一年中可能发生的各种情形。坐标纸、园艺书籍、植物目录，以及彩色铅笔，餐厅里的桌子上开始凌乱起来，每一个清醒的时刻我都会用来描绘即将到来的种植季的蓝图。

主要任务

盘点和清理

对我而言，在开始一个新项目之前，没有什么事情比清理和打扫工作空间更重要了。太阳从云层后面偷偷露出一小张脸，在这样难得的日子，我会冲进育苗专用温室中，整理花园日常用品，并且记录下哪些设备需要安装修理，哪些设备需要替换，为即将到来的种植季做好准备。我认真盘点着每一件物品，包括肥料、育苗穴盘、植物标签，以及土壤基质。然后，我会对温室进行一次深度的清洁，包括用漂白剂清洗所有的育苗穴盘。

规划花园

在一股脑地扎入花园规划之前，我会花一些时间清点种子的数量，重新梳理清楚剩余的每一样东西。然后取出记录上一个种植季花园情况的笔记本，回顾一下已经做过的工作，以及在即将到来的新的种植季中期望做出改变的事情。在本书的第一大部分中，我解释了如何规划、种植切花花园，以满足整个生长季的用花需求。所以，在制订你的花园规划之前请务必参考这一章。

订购种子及花园用品

为了确保挑选到最好的种子，强烈建议尽早订购。这些年来，我错过了很多非常棒的植物，原因是订单下的太晚了。但是一定要保持冷静。此时很容易沉浸在即将到来的种植季的兴奋之中，导致一时冲动订购了太多的东西。请牢记，在切花花园生产中，无论是时间投入还是空间投入都是有限度的，防止过度订购，以免让自己不堪重负。

定植裸根苗

我最喜欢的一项冬季工作就是挑选和种植灌木及乔木的裸根苗。与盆栽的相比，裸根苗通常个头儿更大一些，重量却比盆栽苗轻很多，而且花费仅相当于盆栽苗的一小部分，还不容易遭受移植损伤。只要有可能，应尽量购买裸根苗，尽管这种苗销售的窗口期很短（一般为6～8周）。如果选购好的裸根苗不能立即定植，应将它们"假植"，即将苗的根部暂时覆盖好，覆盖物可以用纯土或潮湿的木屑，直到正式定植前，一定要确保根部湿润，以免失水枯萎，影响成活。定植前要将裸根苗浸泡24小时，确保根部湿润。

养护园艺工具

在我的园艺生涯早期，一位非常成功的园艺师建议我购买一些制作精良的园艺工具，并妥善地保管和养护，这些工具可以使用很多年。事实证明他是对的：拥有合适的园艺工具会让一切变得不同。不仅可以更快捷、更轻松地完成工作，而且有助于保护身体。每年冬天，我都要仔细地将每一件工具检查一遍。清洁，上油，打磨每一个刀片、叉子和每一把修枝剪。我还会将所有的木制把手都彻彻底底地清洗一遍，并涂上熟亚麻籽油，以保持木材的光泽度，防止其开裂、变色。

修剪

隆冬是修剪落叶木本灌木和观赏乔木的理想时间。由于此时植物枝干完全露出，所以更易于评估它们的健康状况，工作效率也会更高。首先，去除所有死亡、患病，以及受损的枝干，然后将纤细、柔弱的枝条剪除。如果发现植株基部长出吸盘，也要一并清除。我通常会从最耗时的品种开始，例如月季和圆锥绣球，然后再修剪覆盆子这类悬钩子属植物和其他落叶灌木，最后修剪果树。

延长栽培季节

我不得不强调，冬季在温室或其他带有遮盖防护措施的设施中种植鲜切花，可以让你受益良多。设施栽培可以让植物的开花期更长，花茎更结实强壮，植株发生病虫害的风险更低，而且可以抢在正常的种植季到来之前采收鲜花。与在无

254

防护设施的大田中栽种的鲜切花相比，在设施中种植的鲜切花进入采收期的时间可提早6周。

高大的种植拱棚在本质上相当于无加温装置的温室，它们的高度足够让人在里面站立行走。这类设施非常适合播种育苗用，可延长平季（介于旺季和淡季之间的那段时间）时间，也适合栽种大丽花、洋桔梗这类需要一点额外保护设施或稍稍进行额外加温的植物。

对于家庭种植者来说，通常可供种植的空间和用于种植的预算都有限，所以小型拱棚是一个理想的选择。这种小型设施很快就可以搭建完成，占用空间非常小，抗风性和抗雪压性都相当不错，而且一个人就能轻松打开通风口。对于需要加设防护设施的苗床，将拱棚旋转后直接扣在上面即可。

播种

在一个新的种植季开始时，撕开第一包种子的包装袋，会让我无比兴奋。虽然通常我们会在早春播下大部分种子，但我仍建议，如果生活在气候较温暖的地区，或者有条件可以在有加温设施的育苗室内播种，完全可以将播种时间提前到冬末。通常我会在冬末播种那些发芽较缓慢的品种，例如一些多年生植物以及洋桔梗，连同在秋天没有来得及播下的香豌豆。另外，还有一些花期较早、耐寒性较好的一年生植物我也会在冬末播种，如冰岛虞美人和金鱼草，还有飞燕草、黑种草、大阿米芹这类在秋季没有播种的植物也会一并种下。

特色植物

朱 顶 红

几乎没有花朵能够与一棵处于盛花期的朱顶红相抗衡：这棵怒放的花园宝石富丽堂皇的大花朵让人无法遗忘。实际上朱顶红是热带植物，原产于南美洲，但是可以在室内进行催花处理，使其在寒冷的冬日也能盛开，将阴暗的房间装扮得熠熠生辉。朱顶红是非常容易进行催花的球根花卉之一，仅需要强光、良好的栽培基质、稳定的水分供应，放于温暖的室内就可以茁壮生长了。

朱顶红花色丰富，有白色、粉色、珊瑚色、桃红色、橙色、红色，以及混色和带斑纹的品种。花朵盛开时，将盆栽在壁炉架上摆放一排，简直太壮观了。

种植方法

朱顶红的种球价格比较昂贵，所以如果要购买，就尽可能挑选个头最大的。虽然个头小一些的种球可呈现出可爱精巧的观赏效果，但个头较大的种球可以抽出2~3枝花茎，每枝花茎上可以开放4~6朵硕大的花朵。挑选种球时，应选择结实、紧致而且没有任何损伤的。如果你并不打算秋季栽种种球，可以将它们储存在吸湿透气的袋子里，放置在凉爽、阴暗的地方，温度保持在10~15℃。

挑选一个带排水孔的花盆来种植朱顶红，花盆的直径和深度应至少为种球的两倍。将优质的盆栽专用基质填入花盆中，基质最顶部低于花盆边缘10~13cm，然后将种球放置在适宜的位置。用基质将花盆中剩余的空间填满，露出种球顶端，压实基质，确保种球栽种稳定。浇一遍透水，然后将花盆移至一个温暖的地方，理想的温度应保持在20℃。每隔几天检查一次种植基质，确保其湿润，既不能积水，也不能缺水，否则种球容易腐烂。一旦一枝花茎以及叶片露出，就要定期浇水了，一般每周浇水两三次。

根据朱顶红的品种以及室温的不同，一般在种植后5~8周开花，且植株高度会达到45~60cm。初冬栽种下去的种球，与临近春天种的种球相比，开花所需的时间要略长一些。一旦花朵绽开，应将花盆移至能够避开阳光直射的地方，这样可以延长花期，防止花瓣衰败褪色。

花朵完全绽开的朱顶红由于自身较重，极易发生倒伏，所以要确保有支撑物可以撑住花茎。我不止一次遇到这种情况：巨大的花柄过于倾斜造成花盆翻倒破碎，使我不得不更换花盆。

为了延长朱顶红的观赏期，可采用交错种植的方式，每隔10天种植一批，这样当一批花逐渐凋谢时，新的一批正进入盛花期。

朱顶红再次开花需要经过一段时间的休眠。经过适当的保管养护，它们可以保存到下一年再次开花。花朵凋谢后，将其转移到阳光充足的窗台上，然后一直定期浇水。一旦发生霜冻的危险已经过去，就可以将植株转移到室外。每月给植株施肥，建议选用盆栽专用水溶性肥，并根据肥料包装上的说明来配置肥料溶液。在你想让它再次开花的前12~14周，停止浇水。

喜爱的品种

　　朱顶红大概有几十个出色的品种可供选择。下面列出的是我最喜欢的一些品种。

　　'苹果花'　从胖嘟嘟的粉红色花蕾开始，直到完全绽放呈现出雪白的花瓣，巨大的粉色—白色花朵非常容易让人联想到春天绽放的海棠花。

　　'女神'　这个仙女般的重瓣品种超凡脱俗。奶油色的花瓣上仿佛涂上了花纹不规划的桃红色。花瓣带褶皱的花朵看上去像极了芍药，抑或是增强版的月季。

　　'蜜桃'　这个品种的花朵为色泽浓郁的橙色。喇叭形向外张开的花瓣上橙红色的条纹从浓郁的花芯中散射开来，令人赞叹。

　　'红狮'　这个极具活力的品种是圣诞节最受欢迎的植物之一。它的花色为深红色，常常由4~5枝花组成一簇，在深色背景的衬托下格外醒目。

　　'甜蜜仙女'　这是一个重瓣品种，花朵为桃红色，花瓣上带有深桃红色的条纹和浅粉色的边缘，展现出精致优雅的姿态。

瓶插保鲜技巧

　　朱顶红的花期非常持久，瓶插期可持续近3周。不过在制作花艺作品时，一定要在花苞尚未打开时使用，因为完全开放的花朵很容易受伤，花瓣展开时，损伤的痕迹会显露出来。由于朱顶红的花茎较重，所以在花朵盛开时，经常会发生倒伏。为了防止这种情况发生，可以用一根细长的竹签从上到下穿过朱顶红粗大的空心茎干，然后用棉球将竹签固定住。

'红狮'

'蜜桃'

'女神'

'苹果花'

'甜蜜仙女'

观果和观花枝条

尽管我尽了最大的努力来实现花园的周年生产，但是，在冬季获得足够的趣味性花材，对我来说也是有些难度的。

当花园逐渐进入休眠状态时，如果没有种植一些在这个季节采收的花材或枝条，我会非常后悔。所以，秋季我特意将喜爱的蔬菜、浆果，以及开花灌木栽种几排，包括粉红色和白色的马醉木，挂满蓝色浆果的日本女贞，以及荚蒾'春季花束'。虽然栽种这些植物需要花几年的时间才能收获到丰富的植材，但是这种等待是值得的。

接下来列出的这些品种，有一些是我找朋友要的切枝，有一些是我从城镇周围荒弃的土地中搜寻到的。夏天，我可能会因为其他更耀眼、更粗壮的植物而错过了这些绿色枝条，但在寒冷的冬季，它们却成了为花艺作品增添情趣的必备之物，这些植材价值千金，无比珍贵。

和那些被列出来的植物一样，枸骨叶冬青也是我冬季的必备品。它的生长速度比较缓慢，甚至很难种植，在某些地区可能还会被认定为入侵性植物，所以需要使用时最好从当地的花园中心或批发市场直接购买枸骨叶冬青的切枝。我特别喜爱叶片为黄色或叶片上带有白色斑点的冬青枝条，它们可以为花环增添几分趣味。挂满鲜红色浆果且叶片为纯绿色的冬青枝条也是用来制作节日装饰品的热门选择。在处理冬青枝条的时候一定要戴上厚厚的手套，因为带刺的叶片格外扎手。

喜爱的品种

马醉木 如果你曾经见过一株繁花盛开的马醉木，就会知道这种植物开花时的景象多么壮观了。从冬季至初春，一串串如瀑布般垂下的象牙白色或玫瑰红色的锥形花序，层层叠叠地将长有精致常绿叶片的枝条覆盖得严严实实。在花苞尚未完全绽开之前将带花苞的枝条剪下，瓶插期会更持久。**种植方法：**马醉木喜欢凉爽的夏季，以及树荫斑驳的地方，且需要栽种在酸性土壤中。虽然生长缓慢，但可以在很多植物不能生长的背阴角落里茁壮成长。在气候温和的地方可以秋季种植，其他区域可以春季栽种，定植后需要使用5～10cm厚的堆肥或木屑覆盖植株基部。

山茶 在美国南部地区，这种植物一直是花园中最惹人喜爱的品种。将开花枝条剪切下来后，虽然花朵状态不怎么好，但是如果能够尽早地将花枝剪下，它们的瓶插寿命可以持续5天。无论是顶着鼓鼓的花苞，还是花朵刚显露不久，都要避免它们受到阳光的直射。**种植方法：**这种喜阴的植物在酸性土壤中生长旺盛。在气候温和的地方可以秋季种植，其他区域在春季种植。避免植株遭受寒冷天气和干燥的大风，这会导致叶片失去水分。对于新定植的植株，需要使用7～10cm厚的堆肥或木屑覆盖基部区域。

常春藤 在我居住的地方，常春藤生长得十分旺盛。冬天，我从镇上荒弃的空地采收了好几桶常春藤枝条。它们那开着黄绿色花朵的枝条放在花艺作品中，简直太迷人了。随着春天的

特色植物

临近，枝条上还会结出可爱的浆果。常春藤有很多品种的叶片很有意思，例如有的品种叶片带有白色和金色的斑纹，这类品种的侵占性较小。我喜欢将这种双色叶片点缀到花环中，让作品看上去更富有趣味性。在结婚季，可以用它们那结实的藤条制作成戴在花童头上的花冠底座。当花朵中的花粉脱落，开始结出黄色的浆果后就可以采收了。**种植方法：**种植这种蔓延生长的藤蔓植物要非常谨慎。我用一个大花盆栽种了一批放在后院，这样它们就不会在花园里肆意"奔跑"了。通常在春季栽种，放置在阳光充足的地方。

日本女贞 毫无疑问，这是我心目中最喜爱的冬季浆果。它们那带有蓝黑色浆果的漂亮枝条尽情伸展着，即使在最严寒的冬天也能顽强生长。我种了一排日本女贞，整个种植区域长度大约为30m，因为总感觉它们那美丽的枝条不够用。它的浆果十分坚硬，可以脱水使用，坚持几周不皱缩萎蔫。**种植方法：**日本女贞很容易栽种，对各类土壤的耐受性都很好。如果打算在花园中挤出一块地方种上几棵灌木，日本女贞是不错的选择。在气候温和的地方可以秋季种植，其他区域可以春季栽种。对于新定植的植株，需要环绕其基部区域使用7~10cm厚的堆肥或木屑进行覆盖。

马醉木'春季花束' 这个全能型的冬季开花灌木，枝条上缀满了桃红色的花芽以及柔和的白色花朵，随着花朵凋谢，枝条上会长出富有光泽的蓝色浆果，从隆冬一直持续到初春。**种植方法：**马醉木在大多数土壤中都能生长，无论是在阳光充足的地方还是在荫蔽处，这种散发着淡淡芳香的灌木都是切花花园中绝妙精美的植物。在气候温和的地方可以秋季种植，其他区域可以春季栽种。对于新定植的植物，需要环绕其基部区域使用7~10cm厚的堆肥或木屑进行覆盖。

北美冬青 典型的北美冬青品种长有耀眼夺目的红色浆果，但是只要留意搜寻，就能找到果实为橙色或金色的品种。虽然北美冬青的枝条挂果后可以耐受一些轻微的霜冻，但还是在初冬采收为好，以免浆果遭受极端寒冷的天气而受损。

种植方法：北美冬青在湿润、酸性、富含有机质的土壤中生长旺盛，适宜栽种在阳光充足或半遮阴的地方。在气候温和的地方可以秋季种植，其他区域可以春季栽种。北美冬青需要经过授粉才能坐果。一个不错的经验是种植1棵雄性植株，为20棵雌性植株授粉。

瓶插保鲜技巧

上述这些观花赏叶的品种，枝条被剪下后，可以在花瓶中摆放一周，有的品种摆放时间可能更长，尤其是在水中加入鲜花保鲜剂后。如果是采收下来的挂果枝条，无论插放在水中，还是脱水摆放使用，瓶插期均可达两周。

马醉木

北美冬青

常春藤

山茶

荚蒾‘春季花束’

日本女贞

特色植物

鲜切花的四季绽放

冬季催花枝条

———

冬季，当花园还在沉睡时，我要将自然的能量带回家，让它们在室内迸发绽放。所以隆冬时节，我会漫步在花园中，收集几大桶树枝进行催花处理，让它们在自然循环的花期之前提早开花。大多数在早春开花的木本植物、落叶乔木和灌木都是可以进行催花处理的优秀候选者。

挑选枝条时，注意找寻花蕾已经膨胀的枝条剪切下来，如果可能的话，最好选择花蕾已经显露出一点颜色的枝条。枝条采收后，应立即放入盛有温水的桶中，水中最好加入鲜花保鲜剂。将枝条放入花瓶前，要将末端修剪一下，以便可以顺利地持续吸收水分，同样也要在水中加入鲜花保鲜剂。你需要模拟创造一个春天的气候环境，以"哄骗"这些枝条开花，所以越温暖、越明亮的室内空间，花朵就会越快绽放。千万不要让它们接受阳光直射。如果很长时间枝条上的花苞还未绽开，可以将一个塑料袋套在枝条顶端，然后每天进行几次喷雾，以营造湿度较适宜的环境，直到花蕾开始显色、膨胀。

喜爱的品种

杏、樱桃、桃、李子 这些植物中有许多品种的果实既可以食用，也可用来观赏。将它进行催花处理，效果都非常出色。如果没有面积足够大的土地来种植这些体形中等的树木，可以和当地的果园保持紧密联系，以便在修剪树木的时候从他们那里获得一些植材。开花的李树，无论花朵是粉红色还是白色，都是我喜欢的。桃树和杏树都开粉红色的花，如果能够尽早开始催花，等花朵绽放时放入情人节花束中，尤为精美。樱桃不太适合催花，因为它们的花苞成熟需要更长的时间，但是我非常喜欢在春天使用它们制作花艺作品，所以将它们一并列在此处。**种植方法**：这类植物更喜欢阳光充足的地方，适宜栽种在排水性良好、微酸性的土壤中。在上一个生长季长出的枝条上通常会生成花苞，所以不要修剪过度，以免影响下一年度开花时期的观赏效果。**催花方法**：可以在枝条上的花苞非常紧实，几乎没有任何颜色显露出来时将枝条剪下，或者当花蕾膨胀并开始露色时采收枝条。无论是哪种类型的枝条，剪下后都要立即放入混有鲜花保鲜剂的水中，然后放置在一个凉爽、明亮的房间内。隆冬时节采收下来的枝条需要两三周才能开花，冬末剪切下来的枝条只需7~10天就可以开花了。枝条的瓶插期可以达到两周以上。

木瓜属 我对木瓜属植物可谓爱恨交加。采收它们的枝条时几乎不可能不被刺痛，但是经过室内催花处理，它们会是较早开花的品种，也是花色较艳丽的品种。它们的枝条可采收时期非常长，从隆冬到初春，都可以采收。皱皮木瓜的一些栽培种我也很喜欢，因为它们的茎枝直立生长，缀满小花的枝条非常适合用于制作花束。'雪'花型硕大，花色为雪白色。'艺伎女孩'花瓣为淡杏黄色。这两个都是我心目中的经典品种。'红色战士'拥有亮丽的鲜红色花朵，即使在最阴暗的天气也能熠熠生辉。**种植方法**：木瓜属植物的耐寒性非常好，能够适应各种类型的土壤。植株需要5年的时间才能到达成熟期。适宜生长在阳光充足的地方。如果需要修剪，应在夏天完成。这种操作会促进短果枝的生成，短果枝充

267

李属

木瓜属

连翘属

柳属

足将直接使一段时间后呈现出繁花盛开的美景。

催花方法：当花蕾膨胀并显色时采收枝条，然后放入混有鲜花保鲜剂的水中，放在凉爽、明亮的房间中等待花朵开放。如果将花苞尚未成熟的花枝剪下，开放的花朵色彩会更淡一些。处于不同阶段的枝条瓶插期也有所不同，一般情况下瓶插期可达两周。

连翘属　连翘的花朵为黄色，充满活力，在冬季即将结束时绽放，而此时花园中几乎没有什么可用的植材。我在院子的最北侧挤出了一小块地，沿着院子边界种了一小排连翘。**种植方法：**这类植物的抗旱性非常好，能够忍受最极端的温度，无论是用于花园景观中，还是采收下来放在花瓶中观赏，都非常迷人。如果你从别人手里接手了一棵已经有些年头，不能再生长出大量枝条的植株，应在开花后将其地上部分全部修剪掉，这样可以促使植株长出新的枝条。已定植的植株需要经常修剪，以保证株型大小适宜，枝条生长活跃。如果打算在花园中种植一棵新的连翘，秋季到早春都可以进行定植。**催花方法：**冬末，当花蕾开始膨胀时就可以将枝条剪切下来了，剪下后将它们放入加有鲜花保鲜剂的水中，然后放在凉爽的房间里。7～10天，花朵就会出现了。

柳属　在一年的大部分时间里，没有人注意到矗立在我花园中的那几棵高大的柳树。但是每年冬天，在经历了一小段温暖的天气之后，整个小树林仿佛变成了一个亮闪闪的仙境，毛茸茸、轻飘飘的银色柳絮，在夕阳的余晖中闪闪发光。在花园中的这一块区域内我栽种了少量喜爱的品种，包括北美本土的褪色柳，很多老房子周围都种有这个品种；细柱柳，能长出长长的、略带粉红色的柳絮。**种植方法：**柳树属于最易栽种的灌木。只要保证水分充足，在任何地方都能茁壮生长（即使在最贫瘠的土壤中也能生长良好）。如果不加以控制，柳树很快就会长得和小型树木一样，所以在生长几年之后，应该修剪树枝。你打算让新枝条从哪个高度重新长出，就将枝条修剪到那个高度。我通常是将其修剪到距离地面1~1.3m的高度。柳树的繁殖实在太容易了，最好选择冬季进行。取一段长度为45~60cm的柳枝，插到土壤中，地上部分露出大约15cm高，到了晚春时节，它们就会生根了。**催花方法：**柳树在第二年的生长过程中就可以长出绚丽耀眼的柳絮，所以建议每年只采收一半的枝条，这样就能保证持续拥有丰富的枝条用于花艺制作。冬末，当花蕾已经膨胀时，就可以剪切枝条了。如果枝条被采收的阶段适宜，无论放于何处都可存活12~15天。柳树也是制作干花的出色材料。一定要记住，柳絮非常脆弱，处理时要格外小心。

常绿植物切枝

华盛顿又被称为"常绿之洲"，因为这里整个冬季都可以欣赏到苍翠繁茂的美景。充足的降雨以及相对温和的气候，为丰富多样的常绿植物创造了完美的生长环境。

每年冬天，当我准备进行当季工作时，总会打电话给那些拥有大片常绿乔木和灌木的朋友们，询问是否允许我去采收一些枝条。作为交换，我可以按照他们的需求制作一些花环送给他们。到目前为止，运用这个小"策略"时，我还没遇到过有朋友说"不"。初冬，经历了一场大风后，我和家人在几处当地的森林中穿梭、搜寻，拾起道路两旁被大风吹落的树枝。接下来，我会去拜访一些大的植物批发商，"抢"到一大批在我居住的地区没有大量种植的植物枝条，例如刺柏和北美翠柏。最后，我会检查一下自己的花园，挑选出几卡车散发着芳香的常绿植物，包括雪松、月桂、黄杨，以及冬青。

无论你身处何处，相信那里肯定有一些常绿植物的枝条可以剪下来使用。但是，当你拿着修枝剪一头扎进当地的树林之前，一定要通过正规的渠道获得必需的许可。

如果打算自己栽种一棵体型巨大的树，例如雪松、冷杉、云杉，那么我想你会失望的。因为这些大树需要很多年才能长大并成熟——既足以满足采切到有使用价值的枝条，又不会受到任何损伤。所以，为了达到在花艺作品中加入这些常绿树木枝条的目的，我认为最理智的办法就是直接购买这些材料，或者尽力去别处搜寻一些这类枝条。

然而，尝试着栽种一些常绿灌木是非常值得的。一般来说，3~5年你应该就能有充足的绿色枝条可采收了。

喜爱的品种

黄杨 黄杨的枝叶无论是坚固性还是美观度都无与伦比。通常我会用黄杨枝条来制作花环和其他花艺作品的基础架构。黄杨枝条的瓶插寿命可达两周，如果在缺水的状态下，例如将它们放在脱水环境下展示，这些枝条会持续一个多月看上去仍然很出色。**种植方法：** 黄杨喜欢全日照至半阴的环境，适宜的土壤类型非常广泛。它们生长缓慢，一般需要4~5年的时间才能完全成熟。在气候温和的地方可以秋季种植，其他区域可以春季栽种。对于新定植的植株，需要在其基部四周用5~10cm厚的堆肥或木屑进行覆盖。

桉树 桉树散发着芳香的蓝灰色叶片作为花束、花环的配材，格外精致。剪切下来的枝条插放在花瓶中可以连续3~4周保持着新鲜度。放置一段时间后也可制作成完美的干花。**种植方法：** 虽然从专业分类上讲，桉树确实是一种树，但是全球各地的花农都将它作为一年生植物种植。早春开始播种，到了晚秋植株就会长至高90cm、冠幅90cm，这样在初冬就可以采收桉树枝条了。

特色植物

日本卫矛

桉 树

黄 杨

刺 柏

日本卫矛　日本卫矛带有斑纹的叶片颇具特色。在叶片长壮实之后就可以采收枝条了——通常是在仲夏之后，一直到冬季。日本卫矛枝条插放在花瓶中可以持续观赏两周，在脱水状态下可持续观赏一周。**种植方法：**日本卫矛栽种容易，长势旺盛，在大多数类型的土壤中都能茁壮成长。叶片带有斑纹的品种与纯绿叶的品种相比，长势更缓慢。在气候温和的地区可以秋季种植，其他区域可以春季栽种。对于新定植的植株，需要在其基部四周用5～10cm厚的堆肥或木屑进行覆盖。

刺柏　刺柏香气浓郁，蓝绿色的叶片以及长得像小蓝莓般的蓝色锥形果实引得人们追捧。冬天，它们的叶片会转变成温馨的古铜色，所以切记，要在叶片变色之前采收枝条，以达到最佳的观赏效果。瓶插期通常可达3～4周。**种植方法：**这种芳香四溢的植物需要4～5年的时间才能长成。在气候温和的地方可以秋季种植，其他区域可以春季栽种。对于新定植的植株，需要在其基部四周用5~10cm厚的堆肥或木屑进行覆盖。

瓶插保鲜技巧

作为切花而言，这些植物都具有极强的耐寒性。将枝条放在花瓶中，每周换水以保证获得最长的瓶插期。为了保证放在室内的枝条一直处于最新鲜的状态，可以每天进行喷雾。

鲜切花的四季绽放

铁 筷 子

近年来，铁筷子已经风靡花艺圈，成为花艺师疯狂追求的品种。这也难怪，因为在萧瑟沉寂的冬日，它们是为数不多能够开花的多年生草本植物。铁筷子花色丰富，有深紫色、黄绿色、象牙白色、酒红色、深红色、桃红色、淡紫色，甚至黑色。花型有带褶皱花边的重瓣花，带斑点的双色花，以及单头宛若五角星形状的花，美丽动人。

铁筷子价格相对昂贵，而且需要几年的时间才能成熟，所以建议如果喜欢就尽早种植，这样你的切花花园中就能够建立起一个丰富的铁筷子品种收藏库。

种植方法

铁筷子生长强健，生命力顽强，非常易于栽种，而且寿命很长，无须过多养护管理就能旺盛成长。它们那厚实而粗糙的叶片可以抵御小鹿的啃食。大多数花园中心和苗圃都非常愿意储存一些这种美丽动人的植物，特别是在早春时节。虽然你可能会经受不住诱惑而直接购买大盆的植株，以期能够马上欣赏和采收到美丽的花朵，但是我发现花同样的价钱，如果选择购买盆径较小一些的植株，例如盆径为11.5cm的，几乎可以买到两盆。当然较小的植株需要花更多的时间才能长大成熟，所以如果急于使用，那么无论如何都得购买大棵的了。

铁筷子喜欢荫蔽的环境，在并不适宜其他植物生长的地方，它的长势却能很好，例如在高大的落叶树树冠外缘的树荫下、株型较大的落叶灌木丛下，以及大多数建筑物的北面。铁筷子适宜栽种在肥沃、富含有机质的土壤里，不要让它们长期处于积水的地里，否则极易引起腐烂。

初冬，在花蕾出现之前，在植株的根部四周撒上一层新鲜的堆肥。这些覆盖物不仅为植株生长提供了所需的营养元素，还能有效抑制杂草的生长，而且还营造出了一个阴暗而干净的环境，有助于植株绽放出更美丽的花朵。冬末，当植株开花时，去除受损的叶片，确保花朵开放后花枝上没有任何损伤，以利于植株在春季萌发新叶。如果你已经建立起属于自己的铁筷子品种库，那么永远都不用发愁会出现植物短缺的情况，因为这种植物在每年春季都会进行自播繁殖。

喜爱的品种

铁筷子有很多可供选择的品种，面对如此多的品种，几乎很难将你的愿望清单缩减。相信我，除非你打算成为一名植物品种收藏家，否则一定要坚持选择最容易栽种、开花最快的品种，只有这样才能最大限度地保证种植成功。

科西嘉铁筷子 这是我最喜爱的品种之一，我将其用在早春时节的花束中。它的花色是似芹菜般的淡绿色，花朵呈杯状，位于长约90cm的花茎顶端，常用于增加花艺作品的高度，让作品更富有视觉冲击力。

臭味铁筷子 这种植株被压碎时，会产生很臭的气味，因此得名。这是我最喜欢的品种之一。虽然它确实会散发出轻微的难闻气味，但是长长的花茎和镶着红色花边的淡绿色花朵，用于花艺作品中尤为惊艳。

275

臭味铁筷子

科西嘉铁筷子

东方铁筷子

东方铁筷子 这是最常见的品种，花型和花色丰富多样，有带条纹的、重瓣的，还有双色的。它们是铁筷子中最强健的一个群体，既能够抵御严寒的侵扰，又能够经受酷暑的考验。它们可以大量地通过自播繁殖，建议和其他冬季开花的喜阴植物栽种在一起，例如雪钟花和栎木银莲花。

瓶插保鲜技巧

让采收下来的铁筷子切花保持较长的观赏期，方法很简单，只需要掌握好采收工作就可以了：选择适宜的阶段采收花茎，否则采收后几小时内花茎就会萎蔫。也就是说，当你打算采摘花枝时，一是要等花朵完全绽放，二是一定要等到花朵中心已经孕育出心皮后再采收。心皮发育越成熟，采收下来的花茎就会越强壮，相应地瓶插期也会越长。一朵成熟度极高的铁筷子花朵，花瓣应完全挺立，几乎无任何损伤，无水状态下能够坚持一整天不萎蔫，可用于制作可佩戴的花饰作品，例如胸花、襟花，以及花冠等。观赏期可达5~8天。

鲜切花的四季绽放

多花水仙

多花水仙是最易种植且最值得种植的球根花卉之一。在气候较温暖的地区，园丁们会在秋季将种球直接栽种到室外。在寒冷、阴暗的冬季，多花水仙绿油油的叶片，以及成串散发着甜美芳香的花朵，可将室内装扮得熠熠生辉。

多花水仙种球价格便宜，且栽种十分简单，冬季在花园中完全没有任何生机之时，能够欣赏到一簇簇馥郁芬芳的花朵。多花水仙不需要经过低温处理就可以开花，这一点非常特别（正如你在本书中所了解到的，很多球根花卉都需要经历一段如冬季严寒般的低温期，才能开花）。所以，对于像我这样心急的园丁来说，这些"美人"是必备植物。通常我会在秋季订购一大袋多花水仙种球，然后在节日来临前，亲手将它们种在赤陶花盆中。随后我会将这些水仙大集合，一股脑地塞进车库中，放在一个凉爽、不会遭受霜冻的地方，在冬季需要的时候，取出几盆放到室内装点房间。

种植方法

最好在夏天订购多花水仙种球。一定要挑选个头最大、最饱满的种球，因为这种种球至少可以抽出2枝结实的花茎。将购买到的种球放置在透气性较好的纸袋或网眼袋里，于室内常温下放置在阴暗处，直到秋季栽种时再取出。通常，我喜欢将全部种球一次性种下，然后将大多数栽种好种球的花盆放置在凉爽、阴暗的地方，例如车库、地下室，或户外不会遭受霜冻侵害的小棚房里，将另一部分放在温暖的房间里，这样整个冬季，这些花的开花期就可以交错开。一般情况下，多花水仙从种植到开花需要4~6周的时间。

虽然可以将多花水仙种植在水培专用的玻璃花瓶中，但是我建议将其直接栽种到土壤里。栽种时，在花盆里放上一半基质，然后放入种球，一个一个紧挨着放即可，最后填满基质，露出多花水仙种球颈上的芽尖。栽种好后浇一遍水，既可以摆放几盆即刻观赏，也可以储藏起来一些日后享用。多花水仙一旦长到30cm高，茎枝就会变得细长、柔弱，所以可以在它们生长的时候，适当增设一些支撑杆以固定茎枝。我喜欢用一些粗糙结实的老苹果树枝支撑它们，确保其能够直立生长。

如果将多花水仙放置在一个相对凉爽的房间里，温度15~18℃，花朵的观赏期可以持续一个月。一定要确保每隔几天就浇一次水，但是要避免花盆中积水，否则种球容易腐烂。

‘中国水仙’

‘尼尔’

‘大太阳’

‘姬娃’

‘加利利’

喜爱的品种

多花水仙品种繁多，下面列出的这些都是我的首选。

'中国水仙' 这个品种的花朵带有乳白色的花瓣，花芯为亮黄色，从种植到开花需要6~8周。

'加利利' 这个品种的花朵为白色，从种植到开花需要4~6周。

'大太阳' 这个品种的花瓣为亮黄色，从种植到开花需要6~8周。

'尼尔' 这个花朵为纯白色的品种是最早开花的一个多花水仙品种。

'姬娃' 这个花朵雪白的品种是我最常栽种的，因为它很容易获得，而且从栽种开始6周内即可开花。

瓶插保鲜技巧

多花水仙十分适合与郁金香、朱顶红搭配在一起。为了获得最长的瓶插期，一旦花朵开始绽放时就可将花茎剪切下来。像其他水仙属植物一样，多花水仙也会分泌出一种有毒的汁液，若不进行处理就与其他鲜切花混合插放在花瓶中，会影响其他鲜花的瓶插寿命。解决这个问题的最好方法是，将新剪切下来的花茎单独放在冷水中浸泡1~2小时，直到有毒汁液停止渗出时，再将多花水仙与其他鲜切花混合在一起插放。插放时无须再次修剪多花水仙的花茎，因为修剪会导致汁液再次渗出。

花艺设计

迎宾花环

　　我喜爱花环所蕴含的象征意义，比如生命的循环、重生。晚上，我们一家人会围坐在火炉旁，亲手为朋友们制作精美的花环。没有两个花环是完全一样的。一旦掌握了花环制作的基本技巧，就会发现花环样式的可能性是无限的。收集制作花环的植材时，一定要注意挑选反差鲜明的常绿植物枝叶。我喜欢用6~8种不同种类的植物枝条，还有一些质地、纹理非常有特色的材料，例如松果和浆果。

材料清单

修枝剪

钢丝钳

1卷绿色轴线，22号花艺专用金属线或22号轴线

1个用35cm长的金属细线制成的花环框架

90枝各种样式的常绿枝条，每枝长度为15~20cm

可选配材：3~6个大小不同的松果；一串浆果，如日本女贞、冬青或常春藤的挂果枝条；一些质地、构造比较有特色的植材，如小麦、榛树枝条，以及长满苔藓的细枝条。

❶首先，准备好12~15束由各种常绿枝条搭配而成的小花束。每一个小花束都包含7枝长度为15~20cm的枝条，用金属线将枝条末端捆绑在一起。这些小花束将组成花环的基础架构。

❷将制作好的小花束用花艺专用金属线绑在框架上。

❸沿着框架每隔几厘米放置一个小花束，并捆绑固定住。新放置的小花束朝向一定要与前一个相同，捆绑固定好后将金属线的末端隐藏在绿色枝条中。

❹重复上面的步骤，直到整个花环框架完全被绿色枝条覆盖。

❺最后在花环上添加一些吸睛的小玩意，如松果、浆果，以及干燥的谷穗等。将这些极具特色的元素聚集在一起能够呈现强大的视觉冲击力。如果将制成的花环放置在较温暖的房间内，需要每天喷水两次。

室内花园

随着冬天的临近，我对春天的渴望和期待与日俱增。我一边热切盼望着花园中出现生命的迹象，一边积极找寻着更富有创意的方法，以期在室内建造一个春意盎然的小花园。每年冬天，我都会在室内开辟一处小景观区，摆放一堆盆栽球根花卉和鲜切花，打造属于自己的春天花园之角。这些球根花卉必须提前几周栽种下去（不同品种种植时间不尽相同）才能完成这处小景观的布置。在等待开花的日子里，插放在花瓶中的鲜切花会陪伴着你。如果细心养护，这处室内小花园可以陪伴你度过隆冬季节，直到室外第一朵花绽开。

我经常会被街角市场上的郁金香吸引，忍不住买上几束，回家后插入花瓶中与栽满种球的花盆放在一起，这时花盆里的花尚未开放。另外，每周我都会从地下室中将储藏的栽有种球的花盆取出几盆，替换掉一些已经过了盛花期的盆花，这样就可以将观赏花期交错开。一旦栽种在室外的铁筷子和雪钟花开始绽放，我就会从自己花园中采收一些鲜切花，而不再从花店中购买花束。

材料清单

3～5个不同尺寸的赤陶花盆

1个30～60cm高的花瓶，最好是透明玻璃花瓶

一两个15～20cm高的玻璃花瓶

修枝剪

种球，例如朱顶红和多花水仙的种球

7～10枝带花苞的李子树枝条，准备做催花处理，将它们修剪到最高花瓶高度的2～3倍长

一两束鲜切花，例如郁金香或铁筷子

❶ 按照本章中前述方法，将种球栽种到赤陶花盆中。

❷ 在花瓶里加入清水和鲜花保鲜剂。将高大的花瓶放置在小景观的后面，然后插入李子树枝条。

❸ 将鲜花插放到矮一点的花瓶中，然后将栽有种球的花盆放置在小景观的最前面。

❹ 盆栽球根花卉要定期浇水，以促进植株旺盛生长。为使鲜切花的瓶插观赏期尽可能延长，可用新剪切下的枝条替换花期已过的枝条，这样两个花瓶中一个繁花盛开，一个含苞待放。

苍翠欲滴的花饰

一串苍翠欲滴的花饰摆放在壁炉架上自然垂下，或者随意地放置在餐桌中央，将家居空间装扮成洋溢着节日气氛的魅力仙境。浓郁的松香气味，搭配鲜明夺目的色彩，打造出一处令人难以忘怀的居室小景观。

这个作品最基础的部分是用绿色枝条制作出一些迷你花束，然后将这些小花束系在一根绳子上，最终打造出一个丰满的常绿花饰。你可以用任何自己喜欢的方式来制作这个花饰，最重要的就是尽量寻找不同颜色、纹理及材质的常绿枝条。我特别喜欢使用的是松树、雪松和南方香脂冷杉的枝条。确保能够采收到的枝条越多越好，因为这些枝条都是制作花饰的基础材料。此外，还应多留意搜集有特色的植材，例如干燥的谷穗、松果、冬季浆果等。一些富有趣味性的细枝条，如榛子树或红瑞木这类，也可以为作品增添更多的情趣。

材料清单

园艺工作专用手套

修枝剪

钢丝钳

粗麻绳或颜色为自然色的细绳

1卷绿色轴线，22号花艺专用金属线或22号轴线

125枝不同颜色和样式的常绿枝条（6~8种不同的植物种类）

36枝材质、纹理有特色的植材，如浆果、松果、干燥谷穗

1 将所有枝条的长度修剪为15~20cm，并按不同种类分组放置，便于制作时使用。

2 确定花饰的总长度，然后剪一段粗麻绳，长度比计划的花饰总长度长几十厘米。开始制作时，一定要在绳子的两端各留出30~46cm，以便花饰制作完成后能够挂起来。工作时将绳子放置在桌面等地方，放置高度最好和人体腰部齐平。

3 用5~7枝常绿枝条制作成一个小花束，枝条末端排列整齐。将小花束顶端朝同一方向沿着粗麻绳放好，用细金属丝将其与粗麻绳紧紧地绑在一起。每个小花束至少用金属丝缠绕4~5圈并绑牢固。

4 重复上述步骤，将小花束逐一与粗麻绳捆绑在一起，大约每30cm长的麻绳上间隔均匀地放置3个小花束。将粗麻绳和金属丝隐藏在枝条丛中。金属丝与粗麻绳重叠在一起，不用每捆绑完一个小花束就将金属丝剪断。一旦达到计划好的长度后，可以将金属丝拧紧与粗麻绳固定在一起，或将金属丝末端系在最后一个小花束上，以确保移动花饰时，前面辛苦绑好的那些小花束不会意外地散落开。

5 在花环上间隔着加入一些特殊纹理和质地的花材，以增强视觉冲击力。我一般会在30cm长的麻绳上间隔均匀地放置2束这种特殊花材，你可以根据自己的审美、需求和创意创作属于自己的艺术品。

6 如果打算将一些体形更大的材料添加到花饰中，例如松果球或大串的浆果，可以用金属丝将它们捆绑在制作好的花饰上。每天喷水，以延长花饰的观赏期。在凉爽的房间里，一个由新鲜植材制成的花饰可以连续观赏好几周，直到枝条上的针叶开始掉落。如果放置在较温暖的空间，针叶会脱落得更快。

致　谢

艾琳·本泽肯（Erin Benzakein）

　　写这本书对我来说是一项庞大的工程，在这一年中，它耗费了我家庭生活中的大部分时间。如果没有家人和朋友们的帮助与支持，或许我永远无法将本书呈现在广大读者面前。首先，我要感谢我非凡无比的丈夫，克里斯（Chris）。他深信我有能力完成这本著作，他的爱给予了我最大的支持，陪伴我度过了无数个专注于写作和拍照的深夜、清晨，以及周末。我的孩子们，依罗拉（Elora）和贾斯帕（Jasper），他们大力支持我追寻心中的这个梦想，尽管这意味着这一年中几乎每个周末我都要坐在电脑前工作，不能陪伴他们。我的母亲，切丽（Cherie），在我专注于这项工作时帮我照看孩子们，她真是最了不起的母亲，每当我感觉到巨大的压力而无法承受时，她帮助我在繁重的工作中时刻保持头脑清醒。我亲爱的朋友吉尔（Jill），在项目初期一直和我在一起，引导我将这个抽象的梦想变成现实。本书从构思到完成的整个过程，如果没有她那卓越的智慧，以及对我坚定不移的支持与鼓励，我想我永远也不会取得成功。当我不在农场的时候，小花农场的团队坚守工作岗位，确保农场平稳运营。我的好朋友尼娜（Nina）特意从佛蒙特州赶来帮助拍摄照片，她不仅成功地完成了这项艰巨的任务，完美地将所有细节全部捕捉到镜头中，还做出了大胆的尝试，让照片更富有情趣。米歇尔·韦特（Michele Waite）制作的图片比我想象的还要精美，她的生活已经非常忙碌，却心甘情愿地挤出时间来完成这个项目，

让我深感荣幸。朱莉·柴是一名非常优秀的编辑，对于任何人提出的问题她都耐心地加以指导。关于生活，她教会了我很多东西，告诉我她的真实想法，我们一起工作、一起写作。我的经纪人，莱斯利·约纳斯（Leslie Jonath）。她睿智的建议、对项目的热情，以及对我的信任都是无价的。此外，还非常感谢劳拉·李·马廷林（Laura Lee Mattingly）、安妮·肯纳迪（Anne Kenady）、蕾切尔·海尔斯（Rachel Hiles）、德安妮·卡茨（Deanne Katz），以及编年史图书出版公司（Chronicle Books）的专业团队，感谢各位对我提出的专业见解和建议，让这本书成功出版。感谢约翰（John）和托尼·克里斯滕森（Toni Christenson）慷慨地将他们的校舍和苗圃借我们使用，为我们的一组照片提供了美丽的拍摄背景。同时感谢农家陶器公司（Farmhouse Pottery）送来了它们最出色的器皿供我们创作花艺作品。感谢来自诺斯菲尔德农场（Northfield Farm）的杰拉尔丁（Geraldine）允许我们在牡丹花的盛花期不受拘束地在她的农场中进行拍摄工作，还有乔登·斯卡吉特农场（Gordon Skagit Farms），允许我们在苹果树繁花盛开和南瓜硕果累累的季节捕捉到农场中的这些美景，拍摄出美妙的照片。最后，向所有在社交媒体上关注我们、购买我们的鲜花、参加我们举办的各类研讨活动的支持者们表示诚挚的感谢，感谢你们慷慨献言，帮助我弄清楚了本书的每个章节到底该讲述哪些内容。谨以此书献给你们！

朱莉·柴（Julie Chai）

　　我的外祖母弗朗西丝·格雷丝（Frances Greth）是我认识的第一位园丁。她的花园里挤满了各种宝贝，包括美丽壮观的月季花坛、数量庞大的球根花卉、繁花盛开的大树，还有夏日里一长排缀满美味果实的西红柿。美丽可以振奋人心、鼓舞斗志，还可以改变每一位看到它的人，任何一位收到朋友赠送的从自家后院采摘的鲜花的人想必都会有此感触，即使最简单的花束也能让你每次看到它时都精神振奋。因此，我十分荣幸有机会与艾琳·本泽肯合作出版这本书，为有抱负的种植者提供相关知识，提升他们的能力，帮助他们将花园打造得更富饶丰裕，让世界充满灿烂绚丽的鲜花。艾琳，感谢你邀请我参加这个项目，并相信我有能力胜任这项工作。你的无私、专注和敬业一直鼓舞着我。我成了你真正的粉丝，不仅是因为喜爱你的花艺设计，还因为你每时每

刻都在真诚地帮助别人收获更多的美好。莱斯利·约纳斯，艾琳的经纪人，我亲爱的朋友，万分感谢你将我们联系在一起。你的创造力、热情和慷慨都是无与伦比的。劳拉·李·马廷林、安妮·肯纳迪、蕾切尔·海尔斯、德安妮·卡茨，以及诸位编年史图书出版公司的工作人员，非常感谢你们对本书专业周到的指导。我的父母，菲利斯（Phyllis）和翟希东·柴（Hi-Dong Chai），以及我的丈夫乔治·李（George Lee），感谢你们在各个方面对本项目支持与帮助。当我还是一个睡眠不足的新妈妈，努力在最后期限到来之前完成工作时，你们一直为我加油。你们那乐观的心态和富有幽默感的态度时刻激励着我努力前行。我的儿子，埃利斯（Ellis），你对生活充满了好奇，你的那份热情、纯真与喜悦让我每一天都感受到无比的幸福和快乐。你无疑是我最喜爱的小种苗。